高等教育理工类"十四五"系列规划教材

精密工程测量
与变形监测

主　编　戴小军　苏春生　梁朋刚
副主编　万旭升　何乐平　郝玉峰　张华英
参　编　张　翔　王松涛　靳丰录　薛浩波
　　　　孙旭红　王廷帅　姚占坡　赵　然
　　　　吴　涛　何十美

四川大学出版社
SICHUAN UNIVERSITY PRESS

图书在版编目（CIP）数据

精密工程测量与变形监测 / 戴小军，苏春生，梁朋刚主编 . -- 成都：四川大学出版社，2024. 8. -- ISBN 978-7-5690-7119-1

Ⅰ．TB22；TB301.1

中国国家版本馆 CIP 数据核字第 2024DR5952 号

书　　名：精密工程测量与变形监测
　　　　　Jingmi Gongcheng Celiang yu Bianxing Jiance
主　　编：戴小军　苏春生　梁朋刚
丛 书 名：高等教育理工类"十四五"系列规划教材

丛书策划：庞国伟　蒋　玙
选题策划：王　睿　周维彬
责任编辑：王　睿
责任校对：周维彬
装帧设计：墨创文化
责任印制：李金兰

出版发行：四川大学出版社有限责任公司
　　　　　地址：成都市一环路南一段 24 号（610065）
　　　　　电话：（028）85408311（发行部）、85400276（总编室）
　　　　　电子邮箱：scupress@vip.163.com
　　　　　网址：https://press.scu.edu.cn
印前制作：四川胜翔数码印务设计有限公司
印刷装订：成都金阳印务有限责任公司

成品尺寸：185 mm×260 mm
印　　张：10.5
字　　数：252 千字

版　　次：2024 年 12 月 第 1 版
印　　次：2024 年 12 月 第 1 次印刷
定　　价：49.00 元

本社图书如有印装质量问题，请联系发行部调换

扫码获取数字资源

四川大学出版社
微信公众号

前　言

　　本书旨在帮助读者深入了解精密工程测量与变形监测的基本原理、方法和技术，掌握相关仪器的使用和数据处理方法，以及解决实际工程问题的能力。

　　本书的内容涵盖了精密工程测量的多个方面，包括直线定线、测量角度（或方向）、测量距离、测量高差以及设置稳定的精密测量标志等。同时，本书还详细介绍了变形监测的基本原理、方法和技术，包括各种测试和测量手段在工程结构物变形监测中的应用，以及变形监测数据的处理和分析方法。

　　在编写本书的过程中，编者注重理论与实践的结合，通过大量的实例和案例，让读者更好地理解和掌握所学知识。同时，还介绍了近年来在精密工程测量与变形监测领域涌现出的新技术和新方法，如地面 SAR 技术、激光跟踪仪测量技术、无线传感器网络技术等，使读者能够紧跟时代步伐，掌握最新的测量技术。

　　本书可作为土木工程、测绘工程、水利工程等相关专业的教学用书，也可作为从事相关领域工作的工程技术人员的参考书。通过学习本书，希望读者能够掌握精密工程测量与变形监测的基本知识和技能，提高自己的专业素养和实践能力，为我国的工程建设和经济发展做出更大的贡献。

　　最后，感谢各位读者对本书的支持和关注，也感谢各位专家和学者在本书编写过程中给予的指导和帮助。我们期待在未来的教学中，能够与读者一起探讨、学习和进步，共同推动精密工程测量与变形监测领域的发展。

　　限于编者水平，书中的错误和不妥之处在所难免，请广大教师及读者继续给予批评指正。

编　者
2024 年 8 月

目　录

1 概 论

1.1 精密工程测量的特点与发展应用

精密工程测量是随着科学技术的发展及其在国防、工业、科研、航空和其他领域中应用的需要而发展起来的。随着现代科学和工程技术的不断进步，科学研究和工程应用不断向宏观的深空、深地、深海和微观的粒子、微纳方向拓展，重大工程项目和大科学工程得到了蓬勃发展。为了保证工程项目的正常运营和高度稳定，不仅要求以高精度安装定位，而且在运营期间还要监测其微型变形，并将其校正到正确位置。因此，对测量工作的精度要求很高。这类工程的测量工作称为精密工程测量，它是介于测量学与计量学之间的一门科学，即用测量学的原理和方法达到计量级的精度指标。

1.1.1 精密工程测量基本概念及特点

精密工程测量也被称为特种精密工程测量、大型特种精密工程测量、精密测量等，具体定义如下：以经典的测绘学理论与方法为基础，运用现代大地测量学和计量学等科技新理论、新方法与新技术，针对工程与工业建设中的具体问题，使用专门的仪器设备，以高精度与高科技的特殊方法采集数据并对数据进行处理，为获得所需要的数据与图形资料而进行的测量工作。

精密工程测量与普通工程测量相比，在精度要求、服务对象、采用的仪器设备、测量方法等方面具有以下特点：

（1）测量精度高。精密工程测量的"精密"主要体现在测量精度要求高，一般测量精度为 $1\sim2$mm，有些甚至为亚毫米级，相对精度高于 10^{-6}。

（2）服务对象复杂。精密工程测量的服务对象往往规模大、结构复杂、构件多、测量难度大。传统的工程测量包括在工程建设的勘察、设计、施工和管理阶段所进行的各种测量工作，如控制测量、地形测量、施工放样等，范围很广，精度要求根据各种有关规范而定，相对而言精度要求较低，采用常规的测量方法即可。而精密工程测量是服务于各种工程中"特高""特难"，以及必须实施精密和自动化测量的工作。虽然精密工程测量的服务范围相对较小，但却非常重要。

（3）专用的测量仪器。测量仪器是精密工程测量发展的重要工具，精密工程测量应采用最新的仪器设备，要求仪器性能好、稳定性强、自动化程度高，最好还具备遥控作业或自动跟踪测量等功能，如测角精度为 0.5″的高精度经纬仪、高精度激光测距传感器、高精度激光准直系统等。

（4）多学科交叉。精密工程测量服务领域宽，应用范围广。精密工程测量集成了工程技术、计算机技术、电子信息技术和自动控制技术，涉及建筑学、地质学、海洋学、材料学、工程学等，具有典型的前沿交叉学科特点，始终是工程测量的发展热点和方向。

1.1.2 精密工程测量实施方案及发展方向

在精密工程测量领域，不同的应用场景对测量的精度和可靠性有着不同的要求。这些要求可能受到多种因素的影响，为顺利实现所要求的精度，必须对精密工程测量方案进行周详设计及严格论证。

为提高精密工程测量精度、可靠性和工作效率，确保精密工程测量达到满意的效果，其主要工作内容包括以下几个方面。

1. 收集相关资料及理解精度的内涵

收集的相关资料包括：①收集并分析当地所有相关历史测量数据、坐标桩和旧图纸等资料；②确保所有测量仪器在使用前已经过当地计量部门的校验；③对即将开展工作的测区进行详尽的地理环境调研，包括气温、湿度、地貌地物等自然条件，以及河流、村镇、铁路或公路等可能影响测量的因素；④了解测区内的人文环境，如民族分布情况，以确保测量工作能够顺利进行，同时尊重当地文化习俗。

一般说来，不同工程的测量精度要求均应在设计阶段由设计人员拟定，这对于确保工程质量和满足功能需求至关重要。测量人员在这一过程中扮演着关键角色，他们需要对这些精度要求进行合理归类，并识别出实现要求的关键因素。在整个测量方案的设计中，应在费用和时间未显著增加且条件允许的情况下，尽可能采用较高精度方案。在工程建设领域，建立一个可靠且具有较高精度的测量系统至关重要。这样的系统不仅能够为施工测量、安装定位等关键环节提供精确的数据支持，还能为整个工程的顺利进行创造有利条件。

目前，精密工程测量的精度还没有统一的标准。从理论上讲，应以工程限差要求来推算各种测量阶段的测量精度。例如，大型隧道贯通的中、腰线放样精度和检查措施，要根据贯通隧道的长度、作业方式和相遇点的限差来推算确定。但在多数情况下，由于工程限差无法精确地确定，而且在推算过程中许多参数未知，所以理论推算也很难进行。而且不同工程建设各有特点，有些工程在我国刚刚开始或建设数量很少，缺乏实际经验及相关规范，往往需要工程设计人员、施工人员和测量人员共同协商探讨，确认其测量精度要求。因此，在进行精密工程测量时，测量人员不仅需要深入理解精度的含义，而且要掌握工程的基本知识，并积极与设计人员沟通、协调，在对精度的解释及要求上达成共识。这样，才能提供切实可行的方案。

2. 关键要求及拟定处理方案

在精密工程测量领域，每个工程都有其独特的精度要求。这些要求虽然各不相同，但大多数是相互关联的。精度要求大致可以分为整体性要求与关键部位要求两类。通常，整体性要求的精度相对较低，测量技术处理不是很困难，比较容易实施，不构成精密工程测量的难点。

关键部位要求的精密测量方案必须经过详细的论证，不仅需要对拟采用的技术和方法进行论证，还应在精度分析的基础上，分析采用该方法时主要的误差来源及可能采取的消除、减弱的措施。例如，直线加速器的磁铁定位，根据理论分析，其最大允许误差不超过±10mm，同时应考虑最终误差可能是安装误差、磁铁变形、地基沉降、热温膨胀、振动等综合影响的结果，所以将其误差定为 0.1~0.2mm。

3. 吸取成功案例经验

确认精度在精密工程测量中是非常重要的，测量人员根据精度要求并结合工程具体情况，选择测量的方案及合适的仪器设备。测量人员应明确测量操作的必要步骤，制定措施以克服环境条件的影响，确保测量结果的准确性。但是不同工程建设设备各有其特点，并且一些新兴工程在国内尚处于起步阶段，或者建设的数目不多。对于这部分工程，现行的规范可能尚未对其精确要求作规定。在缺乏明确规定的情况下，精密工程测量应借助同类工程的成功经验。例如，核电站反应堆内压力器等主要部件定位精度要达到 0.01mm，而反应堆内微型控制网的最弱点位中误差 0.2mm 就可以满足要求，新建核电站就可以参照此标准执行。

4. 采用不同方法进行验证

实际测量项目十分依赖精度的可靠性，为了确保测量结果的准确性，通常采用多种验证方法来保障精度的可靠性。当仅使用一种方法时，可能需要用一些多余的观测条件来进行验证。这种方法虽然在表面上看起来可靠，但实际上可能存在问题，严格而言，它是采用自身验证的方法。例如，在观测测边网过程中没有发现测距仪的乘系数发生变动，得出的观测结果较好且具有一定数量的多余观测，但是整个网的比例误差却难以体现。

对于重大工程中的关键件项目，应采用不同的精度检验方法来验证测量结果，以确保精度的全面性和可靠性。测量人员可使用具有相应精度级别的不同仪器进行测量，以减少单一仪器可能带来的误差。由不同测量人员采用同一方法进行测量，可以提供额外验证，以确保测量结果的一致性和准确性。上述措施可以显著提高精密测量的可靠性，为重大工程的成功实施提供坚实的数据支持。

5. 方案设计

（1）建立精密工程测量控制网。精密工程测量控制网是为工程建设服务的，其网形结构和点位选择都应科学合理，以适应工程的布局和特点。精密工程测量控制网必须具备高精度和强可靠性，以确保测量结果的准确性和稳定性。通常先在图上设计，再到实地放样，最后建立高标准的测量标志，为后续的测量工作提供准确的参照点。另外，可采用精密测角、测距、定位等方法建立工程控制网或"微型网"，并制定控制网建立的基本原则及观测、检验方法等。

（2）根据工程的特点和精度要求，选用合适的仪器和先进的测量方法。距离测量一般采用高精度的测距仪、全站仪或干涉测距仪等，并深入研究可能影响测量结果的各种误差源，针对已识别的误差源，制定有效的误差改正措施。角度测量通常采用高精度的光学经纬仪或电子经纬仪；水准测量通常采用高精度的光学水准仪、电子水准仪和液体静力水准仪。定向可采用几何定向和物理定向，其中物理定向可采用高精度的陀螺仪和激光指向仪等。定位可采用精密测角、测距定位，如 GPS 定位。变形监测可采用上述精密测角、测距、测高、定向、定位或传感器、机器人等测量微型位移量等。

（3）根据国家有关规定，在进行测量工作前，必须对计量仪器、设备及各种精密测量仪器进行检定，并测定其系统误差改正系数。

（4）测量仪器多属电子类仪器，在观测过程中要防止强磁场、强电子辐射和大气折光的影响，科学选择观测点位置和观测时间，防止测量过程受到各种外界因素的干扰，影响测量精度。

（5）测量仪器和测量方法要根据对中、照准、测角、测距、测高、定向、定位及数据采集、记录、传递、处理等工作的自动化进行研讨和选择，如此能更好地提升测量工作的自动化水平，减少人为因素的干扰，确保测量结果的高精度和高可靠性。

1.1.3　精密工程测量关键研究领域

精密工程测量伴随着航空、航天、国防、工业、科研等特大工程和高科技工程的发展而发展，而且在不断深入地下、水域和宇宙空间。随着社会经济与科学技术的不断发展，人类先后建立了许多特种工程、巨型工程和高科技工程，这些工程建设测量难度大、精度要求高，许多工程要求精度达到亚毫米级甚至更高，传统的测量方法和仪器已无法满足需求。为此，人类研究和开发了许多新的仪器和相应的测量方法，同时也推动了精密工程测量的飞速发展。新中国成立以来，随着社会主义现代化建设的发展，精密工程测量得到蓬勃发展。正在建设或者已经完成的工程，如北京、上海、广州的地铁，上海、武汉的跨江隧道，刘家峡、葛洲坝、三峡水利枢纽和发电厂，各种大型炼钢转炉，大型造船业，大亚湾、秦山、杨江核电站，以及高能物理加速器、正负电子对撞机等，都大大促进了精密工程测量的发展。

目前，精密工程测量正迎来快速发展的机遇。以下是当前视角下，精密工程测量发展的关键研究领域。

1. 新理论、新方法的研究

精密工程测量最基本的特点就是精度要求高、工作难度大，主要服务于高科技和尖端科学领域的工程项目。随着技术的发展，传统的测量方法，如三角测量、导线测量、线性锁和钢尺测量等，已经不能满足现代精密工程的需求，要进行新理论、新方法的研究。为了适应这一挑战，业界正在积极探索和开发新的测量技术。例如，全球定位系统（GPS）、雷达干涉测量（InSAR）、传感器技术以及测量机器人等，都是当前研究的重点。这些技术的应用，有望显著提升测量的精度和效率。更重要的是，随着科技的不断进步，纳米技术等前沿科技在测量领域的应用也日益受到重视。这些技术不仅能够将测量精度提升至纳米或微米级别，而且有望彻底改变传统的测量方法，实现更高效、更精确的测量。精密工程测量的未来，在于不断探索和应用新材料、新技术。这不仅是所有测量人员的追求，也是整个行业努力的方向。通过不断的技术创新，我们有理由相信，精密工程测量将能够达到前所未有的精度水平，为人类社会的发展做出更大的贡献。

2. 减少环境等外界因素影响的研究

精密工程测量的准确性受到多种环境因素的显著影响。温度、气压等气象条件对测量工作的影响尤为显著，它们通过大气折光效应对测角、测距、测高、定向、定位和放样等测量活动产生影响。过去，人们尝试使用飞机、气球等手段来测定测线上的气象元素，但这些方法并未从根本上解决气象误差问题。气象误差依然是精密工程测量中一个主要的误差源。此外，被测物体的热胀冷缩效应也会对测量结果产生影响。这种物理现象需要通过精确的测量和校正来控制其对测量结果的影响。同时，地形、地物以及大面积水面的影响同样不容忽视。这些因素可能通过反射、吸收或散射电磁波等方式干扰测量结果。现代测量仪器多为电子类，它们在电磁波传输过程中不仅受到大气条件的影响，还可能受到强磁场的干扰，如微波发射台、高压线和变电站等。这些外界因素对测量的影响及其校正措施，是精密工程测量领域的一个重要研究方向。

3. 现代测绘信息处理方法的研究

现代测绘信息已经超越了传统的点、线、面三维坐标概念，它是一个包含时间、色彩、亮度以及地球和太阳运动状态等多维信息的综合体。测量误差的分布并不总是遵循正态分布，这意味着传统的最小二乘原理可能不是最优的解决方案。在精密工程测量和微型变形监测等领域，我们需要探索新的统计模型和分析方法。现代测绘信息处理不仅仅局限于单一的平差计算，它还包括图形、图像、色彩和时间等多维、多项的综合处理。随着精度要求的提高和观测方法的更新，研究新的信息处理模型变得尤为重要。为了适应现代测绘需求，研究者们正在探索确定性模型、混合模型、动态性模型和不确定性模型等新型信息处理模型。这些模型能够更好地处理复杂的测绘数据，并提供更为精确的测量结果。在信息处理方法上，除了传统的灰关联法、模糊评判法和神经网络法之外，还需要研究和开发一些前人未曾使用过的方法。这些方法将有助于我们更有效地处理现代测绘中的复杂信息。

4. 专用精密测量仪器的研究

工程测量工作中常用的全站仪、电子水准仪、激光仪和GPS测量仪等仪器，一直是测量领域不可或缺的工具。它们以其精确性和可靠性，在工程测量中发挥着巨大作用。随着科学技术的不断进步和测绘学科的深入发展，现有的常规测量仪器在精度、自动化和智能化方面仍有提升空间。为了满足精密工程测量的高标准需求，研究和开发专用精密测量仪器变得尤为关键。研究专用精密测量仪器的目的是提高测量的自动化、数字化、智能化水平，同时增强其抗干扰能力，减少外界环境对测量结果的影响。这不仅能提升测量精度，还能减轻测量人员的工作强度。探索新型的 GPS测量仪、全站仪、水准仪、绘图仪、自动传感器或遥控类仪器，以及测量机器人、超站仪等，是当前研究的重点。这些新型仪器将利用最新的技术，实现更高的测量精度和效益。

1.2 变形监测技术简介

变形在自然界中普遍存在，它指的是物体在外来因素作用下，其形状、大小、位置及尺寸在时间和空间中所发生的变化。变形体在一定范围内的变形被认为是正常的，但如果变形超出了允许的阈值，就可能引发灾害。自然界中的变形危害现象很普遍，如地震、滑坡、岩崩、地面沉陷、火山爆发、溃坝、桥梁与建筑物的倒塌等，如图1.1至图1.3所示。

图 1.1   2023 年 12 月 18 日甘肃 6.2 级地震灾后状况

图 1.2　2024 年云南昭通市镇雄县山体滑坡现场图片

图 1.3　2020 年 2 月西宁市城中区主干道塌陷实拍图

　　变形监测通过测量被监测对象或物体的空间位置及其内部形态，来确定这些特征随时间的变化。通常，由固体材料制成的构件在受到外力作用时会发生变形，这些构件被称为变形体。它们既包括自然形成的构筑物，也包括人为建造的结构。根据研究范围的不同，变形监测可以分为全球性、区域性和局部性三类。每一类监测都有其特定的研究重点和应用场景。

　　（1）全球性变形监测主要关注地极移动、地球旋转速度的变化以及地壳板块的运动。这些现象与地球内部物质分布的变化有关，这些变化会影响地球的转动惯性矩，进而改变地球的自转速度和地极的位置。

　　（2）区域性变形监测专注于研究特定地壳板块内的变形状态，以及板块交界处地壳的相对运动。全球性变形监测可定期复测国家控制网的资料获得，而区域性变形监测需要建立专用的监测网络。这些网络专门设计用于监测板块间的相对运动以及它们在地壳交界处引起的变形。这种监测对于理解地壳动态和预测地震等自然灾害至关重要。随着全球导航卫星系统（GNSS）和全球定位系统（GPS）技术的发展，近年来许多国家和地区已经建立了GPS连续监测网。这些监测网能够提供高精度的地壳变形数据，对研究区域性变形具有重要价值。

（3）局部性变形监测主要关注工程建筑物的沉陷、水平位移、挠度、倾斜，以及滑坡体的滑动等现象。此外，它还涉及采矿、采油和抽地下水等人为活动引起的局部地壳变形。变形可以根据其时间特性分为两种类型：运动式变形和动态式变形。运动式变形包括地壳应变的积累、地质构造断层两侧的相对错动，以及建筑物或地表的下沉等。这类变形的总趋势通常是朝一个方向进行，反映了地壳或结构的长期稳定性问题。动态式变形则涉及高层建筑物的摆动、桥梁在动荷载作用下的振动等现象，这种变形具有周期性，监测的目的是获取变形的幅度和周期信息，这对于评估结构的动态响应和安全性至关重要。

总的来说，变形监测的核心在于精确获取变形体的空间状态和时间特性，这一过程不仅涉及对变形现象的量化分析，还包括对变形原因的深入解释。

1.2.1 变形监测的内容、目的与意义

随着我国经济的快速发展，工程建设的步伐也在加快，现代工程建筑物在规模、造型和施工难度上都面临着更高的要求。在这样的背景下，变形监测工作的意义愈发凸显。建筑物在施工和运营期间，会受到多种因素的影响而产生变形。如果变形超出了规定的限度，不仅会影响建筑物的正常使用，还可能有安全隐患，造成人民生命财产损失。尽管工程在设计阶段考虑了多种外荷载影响，并采用了一定的安全系数，但由于无法准确估计工程的工作条件和承载能力，加之施工质量带来的问题，以及运行过程中可能出现的不利因素，工程事故仍然难以完全避免。历史上的工程事故，如法国马尔巴塞拱坝垮塌、意大利瓦依昂拱坝水库滑坡、美国提堂土坝溃决等，都不断提醒我们保证工程建筑物安全的重要性。因此，变形监测的首要目的是准确掌握变形体的实际形状和变化趋势，为评估建筑物的安全性提供必要的信息。

科学、准确、及时地分析和预报工程及工程建筑物的变形状况，对于施工和运营管理至关重要。这项工作是变形监测的核心内容，它可以确保工程的安全性和效率。变形监测综合了测量学、工程地质、水文学、结构力学、地球物理学、计算机科学等多个学科的知识和技能，因此能够更全面地解释和解决工程中的复杂问题。

变形监测所研究的理论和方法主要涉及以下几方面内容：现场巡视，环境量监测，位移监测，渗流监测，应力、应变监测，周边监测。由此获取变形信息，并解释与分析获得的信息，以达到变形预报的目的。

变形监测的主要目的有：

（1）分析和评价建筑物的安全性；

（2）验证设计参数；

（3）反馈设计施工质量；

（4）研究正常的变形规律和预报变形的方法。

在工程项目中，变形监测的方法选择取决于项目的具体精度要求。对于不同类型的工程项目，变形监测的意义主要体现在以下几个方面：

（1）机械技术设备监测。确保设备安全、可靠和高效运行，避免因设备故障导致的生产中断或事故；为改善产品质量和新产品的设计提供数据支持。

（2）滑坡监测。通过监测滑坡随时间的变化过程，可以深入研究滑坡的成因；预报可能发生的大规模滑坡灾害，为防灾减灾提供科学依据。

（3）矿山变形监测。通过观测由于矿藏开挖引起的实际变形，以控制开挖量和采取加固措施；避免危险变形的发生，保障矿山作业安全；通过实际观测数据，改进变形预报模型，提高预测准确性。

（4）地壳构造运动监测。在地壳构造运动监测方面，主要是大地测量学的任务。但对于近期地壳垂直和水平运动等地球动力学现象、粒子加速器、铁路工程也具有重要的意义。

1.2.2 变形监测技术的发展

在全球性变形监测方面，空间大地测量已发展成最基础且应用最广泛的技术，它主要包括全球定位系统、甚长基线干涉测量、卫星激光测距、月球激光测距以及卫星重力探测（卫星测高和卫星重力梯度测量）等技术。

自 20 世纪 40 年代以来，人类在工程领域取得了巨大进步，建立了众多特种工程、巨型工程和高科技工程。例如，卫星发射架、高耸的电视塔、大型水电站和核电站等，如图 1.4 所示。这些工程不仅建设规模宏大，而且在测量工程上的难度和精度要求极高。许多工程测量精度需达到亚毫米级甚至更高标准，这对传统测量方法和仪器提出了严峻挑战。为了满足这些高精度的测量需求，许多新型测量仪器和相应的测量方法被研究和开发出来，推动了精密工程测量技术的飞速发展。

(a) 卫星发射架　　　　　　　　　　　　　(b) 中央电视塔

（c）三峡大坝

图 1.4　特种工程

常规的变形测量方法主要包括大地测量方法（包括常规和非常规两种）、GPS 测量方法和摄影测量方法。

1. 常规大地测量方法

常规大地测量方法是指通过测角、测边、水准等技术来测定变形的方法，它具有以下一些优点：①能够提供变形体整体的变形状态；②观测量通过组成网的形式可以进行测量结果的校核和精度的评定；③灵活性大，能够适应于不同的精度要求、不同形式的变形体和不同的外界条件。常规大地测量方法包括以下一些典型的测量技术。

（1）精密高程测量。

高程测量一般通过几何水准测量或者电磁波测距三角高程测量的方法获得。在变形监测中，多采用重复精密水准仪或者精密三角高程技术全站仪精确测定监测点之间的高差及其变化。

（2）精密距离测量。

重复精密测距可测定点在某个方向上的相对位移。早期的测距工具是因瓦基线尺，现在因瓦基线尺仍然是有效的精密测距工具，但不适用于距离远、地表起伏不定或跨越深沟区域的测量。20 世纪 70 年代以来，各种新型的精密光电测距仪或全站仪广泛应用于变形监测，使得变形测量中的精密距离测量变得非常便利，测距精度由毫米级提高到亚毫米级。20 世纪 90 年代以后，随着全球定位系统（GPS）技术的广泛应用，其在长距离测量方面的优势逐渐显现，GPS 测量不仅精度高，而且能够实时提供三维空间定位信息，因此在许多情况下已取代了传统的长距离测量方法。

（3）角度测量。

角度测量又分为水平角测量和高度角测量，主要的测量工具是经纬仪，包括光学经纬仪、电子经纬仪、全站仪等（全站仪已成为地面测量的主要工具）。现代全站仪通过伺服马达驱动，能够实现自动测角和测距，极大地提高了测量的效率和精度。这些自动化全站仪有时也被称为测量机器人，它们能够在无人值守的情况下进行连续测量。

（4）重力测量。

重力测量是一种能够间接反映地面高程变化的技术。尽管目前的测量精度大约为

10 微伽（uGal），相当于 30mm 的高程变化，但这一精度在某些精密工程测量中仍不能满足要求。重力测量因其成本较低而在地壳形变监测中发挥着重要作用，常作为水准测量的有效补充。重力测量一般可以用于以下几个方面：①在地震预报时，测定和解释地面的垂直运动，监测和解释地震后地壳的垂直运动；②在火山地区结合水准测量，可以发现地下岩浆的运动；③研究因采油、抽地下水和利用地热蒸汽等造成的地表变形；④研究地壳的板块运动和变形。

2. 非常规大地测量方法

非常规大地测量方法提供了传统大地测量技术之外的替代方案，以满足特定的测量需求，主要包括以下几种。

（1）液体静力水准测量。

液体静力水准测量是一种基于静止液面原理的高程传递方法。它运用连通器原理，通过测量不同点位容器内的液面高差来确定各监测点的垂直位移。这种方法能够精确测量两点或多点间的高程差异，特别适用于混凝土坝、基础廊道以及土石坝表面的垂直位移观测。在实际操作中，通常将一个观测头设置为基准点，以提供稳定的参考高程，而其他观测头则分布在目标监测点上。通过比较基准点与其他观测头之间的液面高差，可以计算出监测点的相对高程变化。与传统的视距测量技术相比，该方法不要求观测点之间有直接的视线联系，从而容易绕过障碍物。液面高程的变化可以转换为电信号输出，这为实现监测过程的自动化提供了可能。

（2）准直测量。

准直测量就是测量偏离基准线的垂直距离，它以观测某一方向上点位相对于基准线的变化为目的，包括准直法和铅直法两种。准直法为偏离水平基线的微距离测量，该水平基准线一般平行于被监测的物体，基准线一般可用光学法、光电法和机械法产生；铅直法为偏离垂直基准线的微距离测量，将过基准点的铅垂线作为垂直基准线，该基准线同样可以用光学法、光电法或机械法产生。

（3）应变测量。

应变是力学、机械设计和材料科学中一个至关重要的概念，它描述了物体在受力作用下形状和尺寸的变化程度。在工程领域，应变测量是一种关键技术，用于监测和评估结构物的变形情况。通过精确测量应变，设计人员能够掌握结构的变形特性、及时发现潜在的结构问题，从而采取预防措施，避免工程事故的发生。

应变测量广泛应用于地学研究和大型工程结构的监测。应变的测量方法主要有抗力测量、复合抗力测量、静应变测量、动应变测量等。传统的应变测量方法通常是接触式的，需要在材料表面粘贴应变片。这些应变片基于"应变效应"原理，即导体的电阻会随着机械变形而变化。这种测量方式成本比较高，对环境的要求也比较高，而且误差比较大、精度比较低。

（4）倾斜测量。

倾斜测量是评估建筑物稳定性的重要手段，尤其对于高层建筑而言，其重要性更加显著。严重的不均匀沉降会使建筑物产生裂缝甚至倒塌，倾斜测量的核心在于确定建筑物顶部中心相对于底部中心的水平位移矢量，或者上层中心相对于下层中心的位移，通过测量建筑物顶部中心与底部中心之间的水平偏差，可以推算出倾斜度。倾斜度是衡量建筑物倾斜程度的常用指标，定义为上下标志中心点间的水平距离与上下标志点高差的比值。根据建筑物高低和精度要求，倾斜观测可采用悬挂垂球法、倾斜仪观测法和激光铅垂仪法等多种观测方法。悬挂垂球测定偏差的方法比较简单，但是要求在建筑物顶端能够悬挂垂球线。常见的倾斜仪有水准管式倾斜仪、气泡式倾斜仪和电子倾斜仪等。倾斜仪一般具有连续读数、自动记录和数字传输等功能，有较高的观测精度，因而在倾斜观测中得到广泛应用。激光铅垂仪法是在被测物顶部适当位置安置接收靶，在其垂线下的地面或地板上安置激光铅垂仪或激光经纬仪，按一定的周期观测，在接收靶上直接读取或量出被测物顶部的水平位移量和位移方向。此外，当建筑物立面上观测点数量较多或倾斜变形比较明显时，也可采用近景摄影测量的方法对建筑物的倾斜情况进行观测。

建筑物倾斜观测的周期可视倾斜速度的快慢确定，一般每隔 1~3 个月观测一次。如遇到基础附近有大量堆载、卸载或场地长期降雨大量积水而导致倾斜速度加快时，应及时增加观测的次数。施工期间的观测周期与沉降观测周期应保持一致，且倾斜观测应避开强日照和风荷载影响大的时间段。

3. GPS 测量方法

GPS（Global Positioning System）卫星定位系统是当前卫星导航定位系统应用最广泛的一种，它是美国研制发射的一种以人造地球卫星为基础的高精度无线电导航定位系统。GPS 系统由 24 颗卫星组成，它们均匀地分布在 6 个轨道上，每个轨道上分布 4 颗卫星。自 1994 年整个系统投入使用以来，在地球上任何位置、任何时刻，GPS 都可为其用户连续提供动态的三维位置、三维速度和时间信息，实现了全球、全天候的连续实时导航、定位和授时。全球定位系统由以下三个部分组成：空间部分（GPS 卫星）、地面监控部分和用户部分。GPS 卫星可连续向用户播发用于进行导航定位的测距信号和导航电文，并接收来自地面监控系统的各种信息和命令以维持系统的正常运转。地面监控系统的主要功能是跟踪 GPS 卫星，对其进行距离测量，确定卫星的运行轨道及卫星钟改正数，预报后再按规定格式编制成导航电文，并通过注入站送往卫星。地面监控系统还能通过注入站向卫星发布各种指令，调整卫星的轨道及时钟读数，修复故障或启用备用件等。用户则用 GPS 接收机来测定从接收机至 GPS 卫星的距离，并根据卫星星历所给出的观测瞬间卫星在空间的位置等信息求出自己的三维位置、三维运动速度和钟差等参数。

GPS 用于变形监测的作业方式可划分为周期性变形监测和连续性变形监测两种。

周期性变形监测与传统的变形监测网没有太大区别，因为有的变形体的变形极为缓慢，在一定时间内可以认为是稳定的。其监测时长短的为几个月，长的甚至可达几年。此时，采用 GPS 相对定位法进行测量，数据处理与分析一般都在后台进行。

连续性变形监测指采用固定监测仪器进行长时间数据采集，以获得变形数据序列。虽然连续性监测模式也是对测点进行重复性的观测，但其观测数据是连续的，具有较高的时间分辨率。根据变形体的不同特征，GPS 连续性监测可采用静态相对定位和动态相对定位两种数据处理方法，一般要求具有实时性。这给数据解算和分析提出了更高要求。比如，大坝在超水位蓄洪时就必须时刻监视变形状况，要求监测系统具有实时的数据传输和数据处理与分析能力。当然，有的监测对象虽然要求有较高的时间采样率，但是数据解算和分析可以事后进行，如桥梁的动载试验和高层建筑物的振动测量，其监测目的在于获取变形信息，数据处理与分析可以延后进行。

实时动态测量则是实时得到高精度的测量结果，具体方法是：在一个已知测站上架设 GPS 基准站接收机，连续跟踪所有可见卫星，并通过数据链向移动站发送数据。移动站接收机通过数据链接收基准站发射来的数据，并通过接收机自带的系统及软件对数据进行实时处理，从而得到实时数据、信息。DGPS 通常称为实时差分测量，其精度为亚米级到米级，这种方式是基准站将基准站上测量得到的 RTCM 数据通过数据链传输到移动站，移动站接收到 RTCM 数据后自动进行解算，得到经差分改正以后的坐标。

实时动态测量技术（Real Time Kinematic，RTK）则是以载波相位观测量为根据的实时差分 GPS 测量，它是 GPS 测量技术发展中的一个新突破。其工作思路与 DGPS 相似，只不过是基准站将观测数据发送到移动站（而不是发射 RTCM 数据），移动站接收机再采用更先进的自带系统及软件对数据进行实时处理，从而得到精度比 DGPS 高得多的实时测量结果。这种方法的精度一般在 2cm 左右。

4. 摄影测量方法

摄影测量是通过捕捉并处理图像来创建物理世界的数字模型。摄影测量具有以下一些优点：

（1）摄影测量不需要接触被监测的变形体。

（2）摄影测量观测时间短，因而外业工作量小，可以大大减少野外测量工作量，以快速获取形变信息。

（3）摄影测量信息量大、利用率高。对摄影测量获取的图像进行处理后，用户可以获得变形体在不同时间点的详细状态，包括任意位置的变形情况。

由于摄影测量具有上述优点，因此也常被用于某些变形监测。用摄影测量方法测定各种工程建筑物、滑坡体等的变形，其方法就是在这些变形体的周围选择稳定的点作为目标点，在这些目标点上安置照相机或者摄像机，对变形的物体进行拍摄，然后处理得到变形体上目标点的二维或者三维坐标，通过不同时期相同目标点的坐标变化得到建筑物的变化情况。摄影测量方法包括航空摄影测量、遥感测量和地面摄影测量三种。其中，航空摄影测量、遥感测量适用于对大范围目标的监测，而地面摄影测量适用于对较小范围物体（如楼房、坝体、滑坡体等）的监测。

1.2.3 变形分析的内涵及发展趋势

变形分析的研究内容涉及变形数据处理与分析、变形物理解释和变形预报等各个方面，通常可将其分为变形的几何分析和变形的物理解释两部分。变形的几何分析是对变形体的形状和大小的变形作几何描述，其任务在于描述变形体变形的空间状态和时间特性。变形物理解释的任务是确定变形体的变形和变形原因之间的关系，解释变形产生的原因。

全球范围内，许多国家都面临着地质灾害的挑战。我国作为受影响严重的国家之一，利用先进的遥感技术对地表形变进行大范围监测，对于研究地球运动和调查地质灾害意义重大。

随着计算机存储与计算能力的显著提升，我们有能力应对全国范围内地质灾害调查和监测的迫切需求。发展变形监测新技术，以实现更高效、更精确的监测，一直是我们追求的目标。变形监测的部分新技术如下：

（1）合成孔径雷达干涉测量技术。

20世纪50年代，合成孔径雷达（Synthetic Aperture Radar，SAR）系统开始在美国军队中使用。后来，美国航空航天局喷气推进实验室将SAR转为民用。20世纪90年代，SAR系统进入了高速发展阶段，SAR卫星也日渐增多。合成孔径雷达干涉测量（Interferometric Synthetic Aperture Rader，InSAR）是近年来迅速发展起来的一种微波遥感技术，它是利用合成孔径雷达的相位信息提取地表的三维信息和高程变化信息的一项技术，目前已成为国际遥感界的一个研究方向。

InSAR可以测量地面点的高程变化，是目前空间遥感技术中获取高程信息精度最高的一项技术。由于它可以获得全球高精度（毫米级）、高可靠性（全天候）地表变化信息，因而能够有效地监测由自然和人为因素引起的地表形变。具体来说，InSAR的基本原理是通过雷达卫星在相邻重复轨道上对同一地区进行两次成像，再利用其所记录的相对相位进行干涉处理，经过相位解缠以获取地形高程数据，如图1.5所示。

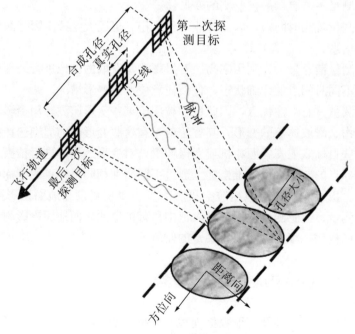

图1.5　InSAR原理示意图

运用合成孔径雷达差分干涉测量技术（Differential InSAR，D-InSAR）进行地面微位移监测，是近年来发展起来的新方法。对不同地区地面形变的最新研究结果表明，D-InSAR 在地震形变、冰川漂移、活动构造、地面沉降及滑坡等研究与监测中有广阔的应用前景，具有不可替代的优势。与其他方法相比，用 InSAR 及 D-InSAR 进行地面形变监测的主要优点有：①覆盖范围大，方便迅速；②成本低，不需要建立监测网；③空间分辨率高，可以获得某一地区连续的地表形变信息；④可以监测或识别出潜在或未知的地面形变信息；⑤全天候，不受云层及昼夜影响。D-InSAR 原理如图 1.6 所示。

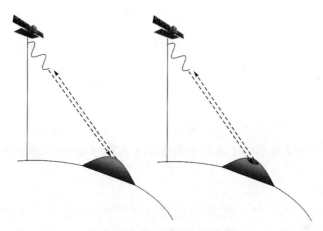

图 1.6　D-InSAR 原理示意图

由于 D-InSAR 能获得厘米级甚至毫米级的高精度三维形变信息，因而该技术可用于地球表面形变场（包括地震、火山活动、冰川漂移、地面沉降及山体滑坡等引起的地表位移）的监测。早期 D-InSAR 主要用于探测形变比较明显的地震和火山活动，随着该技术的不断成熟和研究的不断深入，其应用重点已逐渐转移到地面沉降和山体滑坡等微小地形变化领域。

D-InSAR 处理过程中会受到各种误差的影响，因此虽然可以进行形变普查，但由于形变精度有限，无法细致描绘形变在时间序列上的变化情况，因而在形变的监测预警中存在一定的不足。为了克服这种不足，研究人员提出了时间序列上的多影像建模分析技术，也有人称其为合成孔径雷达时序差分干涉测量，或简称时序雷达干涉（Multi-Temporal InSAR，MTInSAR）技术。这种技术使用极为稳定的永久散射体（Persistent Scatterer，PS）点进行形变信息提取，能够提高形变反演精度。PS-InSAR（Persistent Scatterer Interferometric Synthetic Aperture Rader）是对 D-InSAR 技术的改进，其基本原理如图 1.7 所示，是对一系列不同时期、覆盖同一区域的 SAR 图像进行 D-InSAR 处理，随后利用各种信号处理和差分测量技巧，最终提取得到所需地表形变信息的技术。

图 1.7　PSInSAR 技术基本原理示意图

PS-InSAR 技术使用多景影像进行时间序列建模分析,具有监测精度高,以及能够抗相位误差干扰、揭示监测目标时序形变规律等特点,目前已经广泛应用于城市地面沉降以及建筑、桥梁、公路、铁路、地铁、工厂、机场等基础设施的形变监测。

(2) GPS一机多天线技术。

GPS 测量平差后控制点的平面位置精度为 1~2mm,高程精度为 2~3mm,可满足边坡或滑坡体监测精度要求。在监测点上建立无人值守的 GPS 观测系统,通过软件控制,可实现实时监测和变形分析、预报,但由于每个监测点上都需要安装 GPS 接收机,因此监测成本较高。

GPS一机多天线技术是一种创新的监测解决方案,它允许一台 GPS 主机同时控制多个 GPS 天线。这种技术的应用可以显著提高监测效率,降低运营成本,并增强数据的实时性和可靠性。

GPS一机多天线技术仅用一部 GPS 接收机,可以互不干扰地接收多个 GPS 天线传输来的信号,实现用一个天线代替一台高精度 GPS 接收机,这样可大幅降低监测成本。

GPS一机多天线监测系统的设计思路如图 1.8 所示,它是将无线电通信的微波开关技术与计算机实时控制技术有机结合,仅用一部 GPS 接收机同时互不干扰地接收多个 GPS 天线传输来的信号,实现这一思路的关键是开发 GPS一机多天线控制器,需要解决的技术问题是确保多天线控制器微波开关中各通道的高隔离度和最大限度地减少信号衰减。

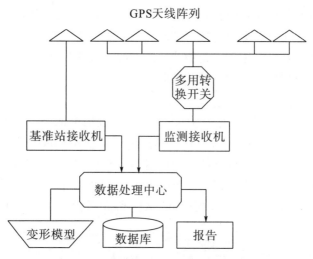

图 1.8　GPS一机多天线监测系统设计思路

采用 GPS一机多天线监测系统后，由于需要的高精度 GPS 接收机大大减少，整个监测系统的造价也随之下降，但并没有影响到监测系统的测量精度。事实上，从多个 GPS一机多天线监测系统的工程应用来看，只要解算合理，其测量结果精度与常规 GPS 测量结果精度相当，甚至可以提供比常规 GPS 测量更高的精度。综合考虑监测系统的精度和成本，采用 GPS一机多天线技术的监测系统拥有广阔的应用前景。

（3）激光扫描技术。

激光扫描技术是非接触测量的重要手段，利用激光扫描技术获得的数据真实可靠，能直接地反映客观事物实时的、变化的、真实的形态特征，所以人们将激光扫描技术作为快速获取空间数据的一种有效手段。

激光扫描测量通过激光扫描仪和距离传感器获取被测目标的表面形态。激光扫描仪一般由激光脉冲发射器、接收器、时间计数器等部分组成。首先，激光脉冲发射器驱动激光二极管发射激光脉冲，然后由接收透镜接收反射信号，再利用稳定的石英时钟对发射与接收时间差进行计数，经计算机对测量信息进行内部处理，显示或存储输出距离和角度信息，并与距离传感器获取的数据相匹配。最后，由软件作一系列数据处理，获取目标表面三维坐标数据，从而进行各种量算或建立立体模型。三维激光水准仪原理如图 1.9 所示。

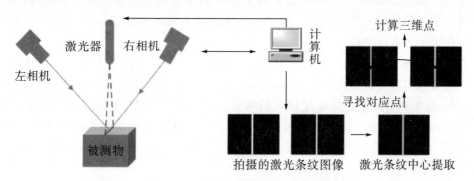

图 1.9　三维激光水准仪原理示意图

与传统的测量手段相比，激光扫描技术有其独特的优势：①能全天候工作；②数据量大、精度较高；③获取数据速度快、实时性强；④全数字特征，信息传输、加工和表达容易。激光扫描技术可以用于建筑物特征的提取、滑坡监测、岩石等裂缝的度量，还可以记录和监测古建筑物的现状，及其随时间的变化等。

（4）伪卫星定位技术。

伪卫星又称"地面卫星"，是从地面某特定地点发射类似于 GPS 的信号，采用的电文格式与 GPS 基本一致。由于伪卫星发射的是类似于 GPS 的信号，并工作在 GPS 的频率上，所以用户的 GPS 接收机可以同时接收 GPS 信号和伪卫星信号，而不必增设另一套伪卫星信号接收设备。地面建立的伪卫星站不仅可以增强区域性 GPS 卫星导航定位系统，而且可以提高卫星定位系统的可靠性和抗干扰能力。伪卫星组合定位如图1.10 所示。

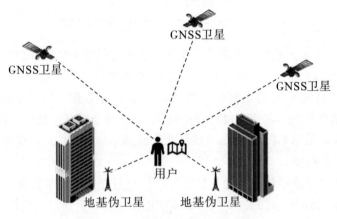

图 1.10　伪卫星组合定位示意图

GPS 定位的精度和可靠性主要取决于跟踪的可见卫星数量和几何图形分布这两个重要因素。对于城市高楼密集区的"城市峡谷"和位于深山峡谷中的水库大坝，由于 GPS 信号受到遮挡，使得接收到的 GPS 卫星数较少，卫星几何图形分布不佳，导致 GPS 定位精度大大降低，不能满足定位的要求。此外，应用 GPS 技术进行精密测量，目前在水平方向的定位精度可达到毫米级；但在垂直方向，GPS 定位精度较差，通常是水平定位误差的 2～3 倍，有时甚至难以满足测量要求。另外，目前在隧道、室内、地下还无法直接使用 GPS 卫星信号。伪卫星定位技术是解决上述 GPS 卫星导航和定位现存问题的有效方法之一。

对于常规的 GPS 测量，在选择卫星时，考虑到大气层传播和多路径效应误差的影响，一般要求卫星高度角大于 15°，因而高度角小于 15°的 GPS 卫星通常都被舍弃，这就是 GPS 在垂直方向上定位精度较差的原因。但采用伪卫星定位后，卫星的高度角在理论上可以扩展到−90°～+90°范围内的任意值。因此，利用这些低高度角的伪卫星，采用 GPS 和伪卫星组合的方法正好可以弥补 GPS 测量的这一弱点，从而提高垂直方向的定位精度。

多路径效应误差是伪卫星定位应用中主要的误差源之一。由于伪卫星距离接收机较近，通常以较低的高度角向接收站发射信号，因此伪卫星信号所产生的多路径效应比来自 GPS 卫星信号的多路径效应要严重。近几年，消除多路径效应影响是伪卫星定位应用研究的热点，具体的方法包括以下几种：①合理布设伪卫星发射设备与 GPS 接收机位置，以减弱多路径效应；②采用高端技术制造高性能的 GPS 接收设备，以减小多路径误差；③在数据处理阶段，通过建立数学模型来减弱多路径效应的影响。

因地形不利遮蔽 GPS 卫星信号，导致卫星空间几何分布较差，这种较差的几何分布将引起不良的几何精度因子，从而降低 GPS 的测量精度。这种因地形不利而遮蔽卫星信号的情况在水利水电工程中是普遍存在的。在某些区域，GPS 测量的精度、稳定性和可靠性都会大大降低。因此，要提高 GPS 监测效果，一个有效的手段就是采用 GPS 和伪卫星的组合测量方法（又称伪卫星增强 GPS 方法）。近年来，将伪卫星增强 GPS 方法应用于精密形变测量受到人们的广泛重视，如桥梁形变监测、大坝形变监测以及矿山安全监测等。

2 精密工程测量技术

2.1 垂直精密测量

2.1.1 概述

在建筑工程施工中，控制垂直度是一项至关重要的任务。如数百米高的大厦、电视塔、烟囱等高层建筑，对垂直精度的要求极为严格。某些关键设施，特别是在核电站、火箭发射架等精密机械设备的安装中，垂直精度通常要求达到亚毫米级。传统的光学垂准仪虽然在一般工程中表现良好，其精度大约为 1/40000，但对于 200 米高度的建筑物，误差可能在 ±5mm 左右，仅能满足一般工程的精度要求。为了满足更高的垂直精度要求，需要使用相对精度达到 1/100000 至 1/200000 的高精度垂准仪。为了实现这一精度要求，必须改进垂准仪的仪器结构，以提高稳定性和可靠性。

2.1.2 光电机械测量法的原理及应用

光电机械测量法是一种基于光学原理的高精度测量技术，它利用光线在不同介质之间传输时产生的折射现象实现自动液面位置检测。在图 2.1 中，当光线经过一个下端加工成一定锥度的中空型测量杆时，若下端圆锥杆的角度正好为光线的内反射角，圆锥体尖端位于空气中，则通过测量杆内的光线因圆锥体的全反射而不会射到硅光电池上。圆锥体下端与液面接触时，因液体的折射率大于空气，使测量杆中的光线穿过液体而折射至硅光电池，由光电效应而产生感应电动势。

测量液面高度的过程如下：接通电源。由可逆电机带动螺杆转动，使测量杆向液面移动；螺杆转动时光栅同步旋转，接收装置接收光脉冲并以此计数及显示读数；在测杆接触液面的瞬时，光线穿过液体折射到硅光电池上产生感应电动势，经放大并反馈控制可逆电机立即停止转动，读得液面距传感器零位的测值。目前，液体静力水准仪有较强的自动测量功能，测定液面位置的精度可达 ±0.01～±0.02mm。

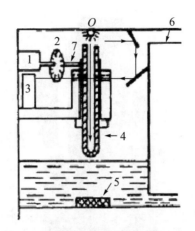

图 2.1 光电机械测量法的原理示意图

1—可逆电机；2—光栅；3—接收装置；4—测量杆；5—硅光电池；6—连通管；7—螺杆

2.1.3 激光垂准仪的原理及应用

在安装某些大型厂房的设备时，需要把控制网点精准地投影到厂房各高程位置，以确保正确定位和安装设备。此外，在核电站等精密安装工作中，要求多个关键部件，如中子通量管、堆芯上下板中心、限位套筒、驱动机构等必须严格地安装在一条铅垂线上，误差不得超过 0.6mm。为了满足这些高精度投影的需求，测量人员开发了专用的激光垂准仪。

目前，激光垂准仪多为自动光学准直，测量灵敏度可以达到 0.005″，如图 2.2 所示。光源发出的光束经过聚光镜均匀照到十字分划板上，十字形刻线经分光镜、物镜、反射镜后反射，成像在 CCD 器件上，图像经图像采集卡后输入计算机，经计算机分析处理后给出计算结果。

工作时，将激光垂准仪安置于垂准基点处，打开对点激光开关，调整平面反射镜，使观测者能直接看到平行光管十字分划板的像，与它从平面反射回来的像严格重合。再借助精密微动机构调整激光管及整台仪器，直到由平面镜及水银表面反射回来的两束激光都聚集在平行光管十字丝的中心为止。此时，仪器就处于严格的垂准状态，拿掉水银盒，激光束即以铅垂线为基准向下方投射。

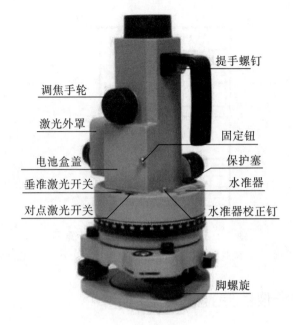

(a) 激光垂准仪

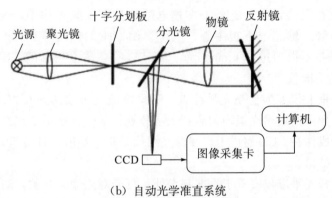

(b) 自动光学准直系统

图2.2 激光垂准仪示意图

激光垂准仪投测轴线的方法如下：

（1）在首层轴线控制点上安置激光垂准仪，利用激光器底端（全反射棱镜端）所发射的激光束进行对中，通过调节基座的脚螺旋，使水准器中的气泡严格居中。

（2）在上层施工楼面预留孔处，放置接收靶。

（3）接通激光电源，启动激光器发射铅直激光束，通过调焦，使激光束汇聚成红色耀目光斑，投射到接收靶上。

（4）移动接收靶，使接收靶的靶心与红色光斑重合，然后固定接收靶，并在预留孔四周做出标记。此时，靶心位置即为轴线控制点在该楼面上的投测点。

激光垂准仪在工程中主要应用于高层建筑的基础定位和基础以上各层的同轴定位，目的是保证建筑物总体的垂直度控制在规范规定的误差范围内。例如，在进行高层建筑施工时，采用激光垂准仪投测可控制各层轴线的精度；采用盾构法进行城市地铁隧道施工时，使用激光垂准仪的主要目的是确定盾构机掘进方位与高程，准确标定隧道轴线，使隧道沿着设计轴线延伸和贯通。隧道工程施工测量包括地面控制测量（平面及高程控制）、竖井联系测量、井上井下定向测量、地下控制测量（平面及高程控制）、盾构机推进施工测量、隧道沉降测量、贯通测量以及竣工测量。由于盾构法隧道工程施工是由一侧竖井开始，掘进至另一侧竖井结束，因此在线路的纵向、横向及竖向可能出现贯通误差，其中横向误差和高程贯通误差对工程的影响最大，纵向贯通误差影响隧道中线长度（只要不大于定测中线的误差即可）。因此，激光垂准仪因其高精度和可靠性，在工程测量领域得到了广泛应用，特别是在控制大型工程的精度方面发挥着不可替代的作用。

2.1.4 光电投影仪的原理与应用

光电投影仪也被称为光学投影仪，是一种集光学、精密机械、电子测量于一体的精密测量仪器。它广泛应用于精密工程的二维尺寸测量，如模具、工具、弹簧、螺丝、齿轮、凸轮、螺纹等的测量。光电投影仪的工作原理是将目标物置于载物台上，通过下方的光源照射，将目标物的轮廓投影到屏幕上，再采用远心光学系统，实现准确测量。光电投影仪最初的用途是检测目标物的轮廓，随后则出现了附带测量功能的投影仪。光电投影仪因能够对目标物进行非接触式测量小型物体及形状复杂的物体而被广泛应用。不同于显微镜，光电投影仪无需通过目镜进行观察，且支持多人同时观察。一般来说，光电投影仪主要由投影屏幕、投影镜头、可动载物台、载物台移动手柄（XY 手柄）构成，如图 2.3 所示。

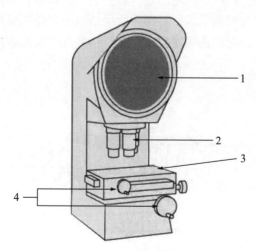

图 2.3 光电投影仪结构图

1—投影屏幕；2—投影镜头；3—可动载物台；4—载物台移动手柄（XY 手柄）

使用光电投影仪进行测量的一般步骤：①将需要测量的目标物放置在载物台上，并确保其稳定且正确对准光源。②调整下方的照明灯泡，确保目标物的轮廓清晰地投影到屏幕上。③在屏幕上，使用标尺对准被放大的目标物投影影像。标尺上通常有刻度，用于直接读取测量尺寸。④使用载物台移动手柄，根据目标物的大小和形状，移动载物台以覆盖整个测量区域。⑤根据载物台的移动量和屏幕上的标尺刻度，进行尺寸的测量和记录。某些投影仪采用"目标夹入型"刻度，即在两条读数线之间的刻度上进行长度测量，这种方法可以提供更精确的测量结果。

使用光电投影仪时还应注意以下几点：

（1）确保目标物正确放置在载物台上，避免任何倾斜或移动，这会影响测量结果。

（2）根据目标物的特性调整照明强度和角度，以获得最佳的投影效果；避免过度曝光或阴影。

（3）定期清洁物镜和镜头，避免灰尘、污迹或指纹影响图像质量。

（4）确保载物台的移动精确无误，定期进行校准，以保证测量精度。

（5）维持稳定的测量环境，避免温度和湿度的剧烈变化，这些因素都可能影响测量结果。

（6）灯泡更换与调整：①灯泡使用寿命到期或损坏时及时更换；②更换灯泡或移动仪器后，要对灯泡进行必要的调整，以恢复最佳照明状态。

（7）将仪器放置在稳固的工作台上，远离可能产生震动的设备或区域。

（8）使用后清洁仪器表面和工作区域，保持仪器和工作环境的清洁。

由于上述带水银池的激光投点法中，光斑中心的判别精度直接影响投点的精度，因此研究人员提出了另一种光电投影的方法。如图2.4所示，在中间隔板的上、下端面平行地固定两块光电池，中间隔板上设有圆形衍射环带。工作时，激光束穿过平板上的中心孔（$\phi=0.2$mm）后，在水银池表面形成衍射图像。衍射图像经水银池表面反射，落在平板下端面的光电池上，产生的电流进入微安表。反复调节激光管（借助于微调器），直到微安表指针为零，表明满足了衍射图像所反映的中心亮斑与光电探测器的平板小孔中心精确重合的要求。此时激光器发出的光束严格垂直于水银池表面构成的水平面，达到了精确垂准的要求。

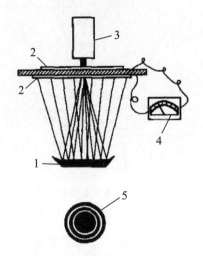

图2.4 光电投影垂准仪

1—水银池；2—光电池；3—激光器；4—微安表；5—衍射图像

投影屏测量方法中的比较测量和直接测量是两种基本的测量方法，它们在光电投影仪的使用中扮演着重要的角色。

（1）比较测量。

①定义：比较测量是一种间接测量方法，通过与已知尺寸的标准件进行比较来确定被测物体的尺寸。

②测量过程：先将标准件（如量块、标准尺等）放置在目标物旁边或投影仪的同一视场内，然后观察和比较两者在屏幕上的投影。

③优点：可以减少由仪器误差或操作误差导致的测量误差，提高测量的准确度。

（2）直接测量。

①定义：直接测量是一种直接读取被测物体尺寸的方法，不需要与标准件进行比较。

②测量过程：将目标物放置在投影仪的载物台上，通过投影仪的放大功能在屏幕上显示其放大后的影像，然后直接读取屏幕上的刻度或使用数字读数系统获取尺寸数据。

③优点：操作简单快捷，适用于快速测量和大批量生产中的尺寸检测。

2.2　水平精密测量

2.2.1　概述

精密工程测量技术包括精密直线定线、测量角度（或方向）、测量距离、测量高差以及设置稳定的精密测量标志。在测量前，需要设计详细的测量方案，包括测量点的选择、测量方法和仪器的选择等。在进行实地测量时，先使用精密仪器按照预定方案进行操作，再利用误差理论对测量数据进行分析，评估测量结果的准确性和可靠性。水平精密测量是利用精密仪器和方法对物体在水平方向上的位置和高度进行精确测定。

2.2.2　数字水准仪

数字水准仪通过内置的倾斜传感器（如气泡管或加速度计）测量仪器相对于水平面的倾斜角度。仪器内置的计算系统可以根据倾斜角度计算出两点之间的高度差。使用时，将仪器稳固地放置在待测点上，等待仪器稳定后即可进行测量。数字水准仪是一种高精度的电子水准仪，其配套的水准尺为条码水准尺。

数字水准仪的测量过程是：操作者将水准仪对准并锁定条码水准尺。按下测量键开始测量。由水准仪内部的 CCD（电荷耦合器件）相机捕捉条码尺的影像，仪器内置的计算系统对捕捉到的影像进行图像处理，包括图像修正。计算系统根据影像处理结果，计算出被测点的标尺读数和视距值。利用数字水准仪进行测量，整个观测过程，如标尺读数、数据记录、结果计算、结果显示等都是自动进行的，这就消除了读数误差、记录错误和计算错误，大大提高了外业观测的速度和精度。

数字水准仪主要由物镜、调焦发送器、调焦透镜、探测器、目镜、补偿器、分光镜、分划板等组成，如图 2.5 所示。

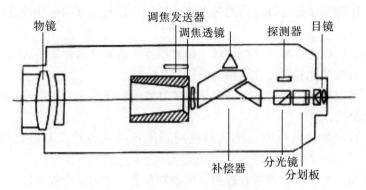

图 2.5　数字水准仪结构示意图

数字水准仪俗称电子水准仪，是光机电技术、图像处理技术、计算机技术等多学科技术的综合体现。它能够自动采集数据和处理信息，实现了自动化水准测量。其特点包括：

（1）读数客观。不存在误读、误记的问题。

（2）精度高。实际观测过程中，数字水准仪通常配备条码尺，能够自动识别条码并转换为测量数据，削弱了标尺分划误差的影响。

（3）速度快。由于省去了报数、听记、现场计算等工序，与传统仪器相比，缩短了测量时间。

（4）效率高。只需照准、调焦和按键就可以自动观测，用户界面友好、操作简单，即使是非专业人员也能快速上手。

数字水准仪的数字化处理原理和水准尺读数如图 2.6 所示。

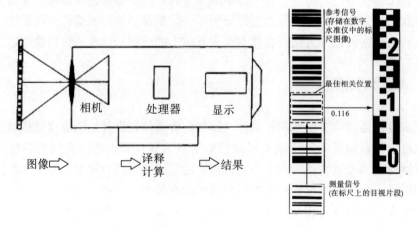

（a）数字化处理原理　　　　　　（b）水准尺读数

图 2.6　数字水准仪的数字化处理原理和水准尺读数示意图

2.2.3 液体静力水准仪

液体静力水准测量也称连通管测量，是一种基于液体静力平衡原理的高程传递测量方法。它的原理是利用相互连通的液面，在静力平衡状态下，液面会保持在同一水准面上，通过测量两端开口与大气相通的 U 形管中的液面变化，可以得到测点的位置变化。液体静力水准仪可以达到很高的测量精度，在较短距离以及复杂工作环境条件下的测量工作中有很好的应用。此外，它的优势在于液体静力测量系统稳定，受外界环境影响较小；可以同时测量多个点，实现多点同步监测；相对于其他高精度测量方法，成本较低。

目前，液体静力水准仪主要有液位式静力水准仪和压差式静力水准仪两种，其原理如图 2.7 所示。

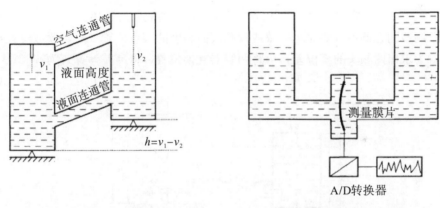

（a）液位式静力水准仪　　　　　　　　（b）压差式静力水准仪
图 2.7　液体静力水准仪原理示意图

液位式静力水准仪具有结构简单、精度高、稳定性好、无须通视等特点，易于实现自动化沉降测量。液位式静力水准仪配备数据采集系统，自动记录监测数据。其中，通信系统支持远程数据传输，便于实时监控；数据处理系统可用于数据的分析、管理和共享。液位式静力水准仪在轨道交通、大坝、大型建筑底板等建筑结构的差异沉降观测中有较广泛的应用，在大型设备安装的沉降观测中也可使用。

压差式静力水准仪是一种利用液体压力变化进行沉降测量的精密仪器，通过测量不同测点间的液体压力变化量，再除以液体的密度和重力加速度，便计算得到沉降值。压差式静力水准仪的高差限制较宽，适用于不同高度差的测量环境。对于有纵坡的线路结构，需要分段分组安装测线，确保测量的准确性；相邻测线交接处，应在同一结构的上、下设置两个传感器作为转接点。

液位式静力水准仪由于结构简单，观测直观，技术成熟，得到了广泛应用。液位式静力水准仪的测量方式有机械式、非机械式两种。机械式测量是在液位中放入浮球，当液位变化时，浮球会随液位而变动，测量出浮球的位置变化，即可得到液位的变化。非机械式测量有超声波、电容、毫米波雷达、机器视觉、压差等方式。如超声波液位测量是利用超声波在液体中传播，遇到界面时反射的原理，测量声波传播时间，以确定液位；电容式液位测量的原理是，当液位变化时，液体与上方金属之间的电容会发生变化，通过测量电容的变化，即可求出液位的变化；毫米波雷达液位测量是利用电磁波反射原理，测量电磁波在液体中的传播时间，以确定液位；机器视觉液位测量是利用摄像装置捕捉液面图像，再通过分析光斑位置变化来确定液位变化，其是一种自动化测量方法。

如图 2.8 所示，为测定 A、B 两点的高差 h，将静力水准测头 1 和 2 分别安装在点 A、点 B 上。由于两测头内的液体是相互连通的，当静力平衡时，两液面将处于同一水准高程面上。

因此，由图 2.8 可得，A、B 两点的高差 h 为

$$h = H_1 - H_2 = (a_1 - a_2) - (b_1 - b_2) \tag{2-1}$$

式中：a_1，a_2——容器的顶面或读数零点相对于工作底面的高度；

b_1、b_2——容器中液面位置的读数或读数零点到液面的距离。

由于制造的容器不可能完全一致或探测液面高度的零点位置（起始读数位置）不可能相同，为求出两测头的零位差，可将两容器互换位置，得高差计算式为

$$h = H_1 - H_2 = (a_1 - a_2) - (b_2' - b_1') \tag{2-2}$$

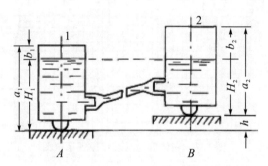

图 2.8 液位式静力水准仪测量原理示意图

式中：b_1'，b_2'——对应容器中液面位置的新读数。

联立式 (2-1) 和式 (2-2)，解得

$$h = \frac{1}{2}\left[(b_2 - b_1) - (b_2' - b_1')\right] \tag{2-3}$$

以及

$$C = a_2 - a_1 = \frac{1}{2}\left[(b_2 - b_1) + (b_2' - b_1')\right] \tag{2-4}$$

式中：C——两容器的零位差。

对于确定的两容器，两容器的零位差是个常量。在采用自动液面高度探测的传感器时，两容器的零位差就是两传感器对应的零位到容器顶面距离不等而产生的差值。对于新仪器或使用中的仪器而言，进行检验时必须测定零位差，当传感器重新更换或调整时，也必须测定零位差。

静力水准仪有不同的型号，它们主要由容器和仪器外壳，波面高度测量设备，沟通

容器的连通管组成。

图 2.9 (a) 所示为传感器静力水准系统。容器中盛有液体，液面有浮体；线性差动位移传感器 [图 2.9 (b)] 固定在容器上，其铁芯插入浮体中；浮体内盛铁砂，确保其稳定性；容器上部有导气管。

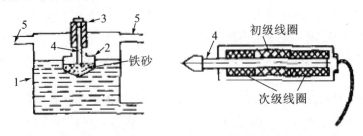

（a）传感器静力水准系统　　　　（b）线性差动位移传感器
图 2.9　液位式静力水准仪测量系统
1—容器；2—浮体；3—线性差动位移传感器；4—铁芯；5—导气管

图 2.9 (b) 为线性差动位移传感器。当容器内液面升降时，浮体带动传感器铁芯一起升降。由于铁芯的升降是相对于传感器内的初级线圈和次级线圈位置的上、下移动，使输出的感应电压产生变化。这样将电压的变化量精密地测出并换算成相应的位移量，就可获得液面升降值。如果把容器内液面升降而产生的电压变化量放大，再利用屏蔽导线传输到观测控制室内，就可容易地实现遥测。

2.2.4　水平精密测量的实施

工程测量控制网布设应遵循大地测量学的基本原理，明确坐标系和基准，根据工程的具体精度要求，选择合适的测量方法和设备。根据工程规模和特点，选择合适的构网方式进行测量，如三角测量、三边测量、边角组合测量等。

网点的布设和建立步骤如下：

（1）需求分析。分析工程对测量控制网的具体需求。

（2）控制网设计。设计控制网的布局，包括网点和观测路线分布。

（3）实地选点与标记。在工程区域内选定控制点，并进行实地标记。

（4）观测执行。按照设计要求，进行边长、角度、基线和高差的观测。

（5）数据采集。使用高精度测量设备收集观测数据。

（6）数据处理与分析。进行数据处理，包括平差计算和误差评估。

（7）坐标计算。计算并确定网点的精确坐标和高程。

（8）控制网优化。根据测量结果，对控制网进行优化和调整。

（9）成果验证。通过独立的检查和验证步骤，确保测量成果的准确性。

（10）文档记录与报告。详细记录测量过程、结果和验证情况，形成完整的测量报告。

1. 导线

测量控制网中的导线是指将控制点用直线连接起来形成的折线。控制点称为导线点，分已知点和未知点，相邻两点之间的折线称导线边，相邻两导线边之间的夹角称转折角，导线测量的实质是通过观测导线边和转折角（现都使用全站仪），根据已知点的坐标计算未知点的坐标。导线按图形可分为闭合导线、附合导线和支导线，由导线构成的网称为导线网。导线按等级可分为一、二、三、四等导线，一、二、三级导线及图根导线。

点位布设和网形设计都要依据一定规范，点位布设需要控制布设点密度，即根据测量的精度要求和测区的大小，确定点的密度。一般而言，点位应布设在整个测区范围内，并尽可能分散，以便能够覆盖整个测量区域，但需确保点位之间有足够的重叠区域，以减小误差传递和积累的影响。同时，应考虑地形、可视性和便于观测等因素，选择合适的位置。点位标志物：点位应使用明显的标志物进行标志，如金属标杆、混凝土桩等，以便于在测量过程中进行识别和定位。

网形设计需要满足以下几点：

（1）闭合性。导线控制网应该是一个闭合的几何形状，以便于进行误差检查和调整。一般而言，常采用多边形、环形或网状的布设形式。

（2）紧凑性。点位之间的距离应尽可能紧凑，以减小误差传递的影响。同时，应避免出现过长或过短的边界线段，以确保测量的均匀性和稳定性。

（3）网形稳定性。点位之间的角度应尽量接近等角分布，以提高控制网的稳定性和可靠性。同时，应避免出现过小或过大的角度，以减小测量误差。在进行点位布设和网形设计时，可以借助专业的测量软件和工具来辅助规划和设计。此外，还应考虑实际测量条件和工程要求，并与相关人员进行充分沟通和协调，确保点位的布设和设计合理、可行。

2. 附合导线

附合导线是指两端各有两个已知点，中间是未知点的导线。附合导线有简单、灵活、方便和应用广泛等优点，非常适合矿山巷道、地铁、隧道等地下工程和道路、水利、管线等线状工程，以及城市、森林等通视困难地区的控制测量。在 GNSS 技术广泛用于首级控制网的情况下，适合用附合导线做加密控制。

假设有四个点分别为 a、b、c、d，先在 a 点进行观测，架设好仪器后对盘左进行观测，瞄准 b 点，记录观测值至观测手簿。然后瞄准 d 点再次观测并算出上半测回角值。将望远镜倒转，进行盘右观测，操作同盘左观测，由此算出下半测回角值，上下半测回角值称为一测回值。计算一测回的角值后，在 b、d 两点架设棱镜，测出距离。最后，分别在 b、c、d 点上进行上述步骤，即可获取各点观测值。附合导线测量方法与闭合导线相同，不同点在于采用附合导线测量时 a、b 点均为已知点，而闭合导线只有 a 点为已知点。

3. 边角网

边角网是由地面测角测边仪器施测的网，由三角形或多边形构成，包括三角形网和导线网。三角形网是由多个三角形重叠组成的网状结构，导线网是由折线连接的控制点形成的网状结构。目前，单纯测角或单纯测边的三角形网已较少使用，通常布设为边角全测的三角形网，即同时测量角度和边长。边角网的布设特点：①没有严格的图形限制，可以根据实际地形灵活布设。②长短边可以有较大差异，适应性强。③夹角可以很小，也可以接近180°。

常规边角网的布设如图 2.10 所示。

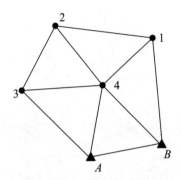

图 2.10　常规边角网的布设

4. GNSS 网

GNSS 网是最重要、最常用的测量网，尤其适用于大范围、远距离和地面通视条件差的工程。在大区域测图、隧道工程、桥梁工程、线路工程等项目中，GNSS 网应作为首选的首级控制网方案。GNSS 网点应选择布设在视野开阔、交通便利的地方，以便于观测和联测。相邻点间的基线向量精度应分布均匀，确保整个网的精度一致。GNSS 测量不需要测点间必须通视，但为常规测量加密考虑，每点至少应有一个通视方向。GNSS 网应采用独立观测边构成闭合图形，如三角形、多边形或附合路线，以增强网的检核条件和可靠性。在布设 GNSS 网时，应考虑与原有城市测绘成果和大比例尺地形图的兼容性，以沿用现有资料。同时，GNSS 网应采用与原城市坐标系统一致的坐标系统，以保持数据的连续性和一致性。对于符合 GNSS 网点要求的旧点，应充分利用其标识，以减少工作量，提高工作效率。

5. 水准网

工程中的水准网采用一、二、三、四等水准测量方法布设和施测，应与国家高程系统一，遵照相应的规范执行，在此不作叙述。

2.2.5 水平精密测量方法

1. 小角法

小角法是一种利用小角度的切线近似代替弧度来计算角度的测量方法，通过测量两点之间的水平距离和高度差来计算角度，其实质是一种近似计算方法。小角法测量原理如图 2.11 所示。

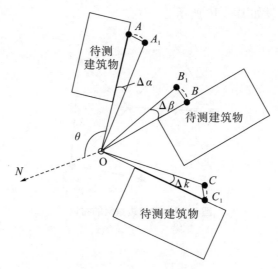

图 2.11 小角法测量原理

小角法测点埋设方法与极坐标法无差异，需在垂直于变形方向的延长线上设置固定测站。常用全站仪以基准线法测量水平位移，观测时应在垂直于所测位移方向布设视准线，并以工作基点作为测站点，测站点与监测点之间的距离宜符合表 2-1 的规定。监测点偏离视准线的角度不应超过 $30'$。每期观测时，利用全站仪观测各监测点的小角值，观测不应少于 1 测回。

表 2-1 全站仪小角法观测距离要求

仪器标称精度	位移观测等级（m）			
	一等	二等	三等	四等
$0.5''$	≤300	≤500	≤800	≤1200
$1.0''$	—	≤300	≤500	≤800
$2.0''$	—	—	≤300	≤500

小角法测量如图 2.12 所示，监测点偏离视准线的垂直距离 d 应按式（2-5）计算：

$$d = D\Delta\frac{\alpha}{\rho} \tag{2-5}$$

式中：$\Delta\alpha$——偏离角（″）；

　　　D——监测点至测站点之间的距离（mm）；

　　　ρ——常数（″），一般取 206265″。

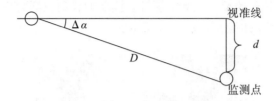

图 2.12　小角法测量示意图

小角法首先应在基准线两端点分别安置测量仪器和觇牌，确保两者精确对中。在待测点安置觇牌，准备进行角度测量。从仪器位置分别照准基准线两端的觇牌，使用目镜测微器读取角度值，完成上半测回的观测。变换测微器位置 5～7 分划，以增加测量精度。按上半测回的操作再次照准两个觇牌，读取新的角度值，完成下半测回的观测。上半测回和下半测回的数据共同构成一个完整测回。完成往测或返测的一个半测回后，将仪器和觇牌的强制对中轴旋转 180°，以观测另半数测回。测量仪器至待测点的水平距离，按式（2-6）计算待测点相对于基准线的偏离值。

$$\delta_i = \frac{\alpha_i S_i}{\rho} \tag{2-6}$$

式中：α_i——待测点偏离角（″）；

　　　S_i——待测点 i 至仪器的距离（mm）；

　　　ρ——常数（″），一般取 206265″。

往返观测平均值由式（2-6）计算得来：

$$\delta_i = \frac{(\delta_{i1} S_{i1} + \delta_{i2} S_{i2})}{(S_{i1} + S_{i2})} \tag{2-7}$$

式中：δ_{i1} 与 δ_{i2}——待测点 i 往、返观测偏离值（mm）；

　　　S_{i1} 与 S_{i2}——待测点 i 往、返观测视线长度（mm）。

当半测回的两次观测值（上半测回和下半测回）之间的差异（以下称互差）超出规定的极限值时，应重新进行上、下两个半测回的观测，舍去观测值中的最大值和最小值，以消除可能的异常值影响。如果在舍去最大值和最小值后，剩余的观测值互差仍然超出极限值，应对该测回全部重测，以确保数据的准确性。当不同测回（往测或返测）之间的互差超出规定的极限值时，应对超出互差限制的往测或返测的所有测回进行重测。当往返观测得到的偏离值互差超出规定的极限值时，应对该测点的全部测量成果重新测量。

2. 活动觇牌法

活动觇牌法是一种根据工程特点、现场条件、基准线长度、观测精度要求和仪器设备选择最适合的观测方式，利用测量标杆上的活动觇牌与目标上的觇线配合，通过观测觇牌与觇线的角度和距离来进行测量的方法。

　　将附有精密读数装置的活动觇牌安置在观测点上，测定零位置（即观测点标志中心与觇牌标志中心线相重合时的觇牌读数）；利用基准线端点上安置的精密视准仪或精密经纬仪瞄准基准线另一端点后，由助手用活动觇牌上测微螺杆移动觇牌，使觇牌标志中心线被望远镜十字丝精确照准；在测微螺杆上读取的移动量即为待测点相对于基准线的偏离值。M-400A1 型活动觇标如图 2.13 所示。

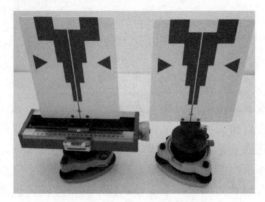

图 2.13　M-400A1 型活动觇标

　　活动觇牌法测量应选用具有放大倍率在 40～60 倍的望远镜、跨水准器灵敏度为 2″ 的精密视准仪，精密经纬仪采用 J1 型精密经纬仪，照准中误差应不大于 0.4″。活动觇牌读数尺上的最小分划为 1mm，游标最小分划为 0.1mm，可估读到 0.01mm，在使用前要测定零位置，即照准标志的对称轴与对中装置中心线相重合时的觇牌读数。同时，作业前应检查仪器的视准轴与纵轴是否位于通过强制对中装置中心的垂直平面内，觇牌照准标志的对称轴是否垂直且与觇牌的旋转轴相重合。

　　活动觇牌法的观测方式可根据工程的特点、现场条件、基准线的长度、观测精度的要求、仪器设备等因素，选用整条基准线观测方式、基准线分段观测方式、逐次推进的基准线观测方式进行。整条基准线的观测方式是在基准线两端点分别安置仪器与固定觇牌，然后依次在每个待测点安置活动觇牌。移动活动战觇牌，使照准目标标志位于仪器十字丝上，读取数值；移动活动觇牌从相反方向重新对准仪器十字丝，读取数值。各读取两次数值，组成一个测回，对每一待测点进行两个测回，每一待测点进行往返观测，测回间将仪器觇牌的强制对中轴旋转 180°，重新定向，重新操作。基准线分段观测方式是将基准线按待测点分布的具体情况分成二段或四段，每个待测点到基准线或分段方向线的偏离值观测程序、作业要求同整条基准线的观测方式。逐次推进的基准线观测方式是将仪器由基准线起点逐次推进，观测待测点至基准线或相应方向线的偏离值，每一待测点的观测次数、作业要求同整条基准线的观测方式。活动觇牌法精度要求见表 2-2。

表 2-2 活动觇牌法精度要求

等级	二级	三级		四级
观测方式	逐次推进	逐次推进		整条，分段
基准线长度（mm）	400~1000	400~1000	200~400	100~1000
待测点个数	>5	≤5	≥3	—
测回数	2	2	2	2
	2	2	2	2
读定次数	4	4	4	4
估读（mm）	0.01	0.01	0.01	0.01
成果取位（mm）	0.001	0.001	0.001	0.001
一测回读数互差	$\leq 8\times10^{-6}S_1$	$\leq 8\times10^{-6}S_1$	$\leq 8\times10^{-6}S_1$	$\leq 8\times10^{-6}S_1$
测回间互差	$\leq 4\times10^{-6}S_2$	$\leq 4\times10^{-6}S_2$	$\leq 4\times10^{-6}S_2$	$\leq 4\times10^{-6}S_2$
同一点往返互差	$\leq 3\times10^{-6}\sqrt{S_1^2+S_2^2}$	$\leq 6\times10^{-6}\sqrt{S_1^2+S_2^2}$		$\leq 10^{-5}\sqrt{S_1^2+S_2^2}$

注：S_1，S_2 分别为往返观测视线长度，以米为单位。

活动觇牌法观测偏离值的计算与采用的观测方式相关，此处主要介绍整条基准线观测方式。

$$\delta_{i往} = M_0 - \delta_i \tag{2-8}$$

$$\delta_{i返} = \delta_i' - M_0 \tag{2-9}$$

式中：δ_i，δ_i'——待测点 i 往返、观测读数平均值；

　　　M_0——觇牌的零位值。

往、返观测偏离值平均值：

$$\delta_{i(平均)} = \delta_{i往} \times S_往 + \frac{\delta_{i返} \times S_返}{(S_往 + S_返)} \tag{2-10}$$

3. 机械法

机械法是利用机械装置进行测量的一种技术，其使用的自动安平水准仪是机械法测量中的一种重要工具。

自动安平水准仪由基座、脚螺旋、度盘、微动装置等组成。自动安平水准仪采用摩擦制动，确保测量时的稳定性。水平微动采用无限微动结构，两侧手轮的设计方便操作者从不同方向进行微调。自动安平水准仪可用于地形测量、工程测量、变形观测、矿山测量、水文测量、农田水利测量以及大型机器的安装等其他水准测量。自动安平水准仪与微倾式水准仪的区别在于，自动安平水准仪没有水准管和微倾螺旋，而是在望远镜的光学系统中装置了补偿器。自动安平水准仪如图 2.14 所示。

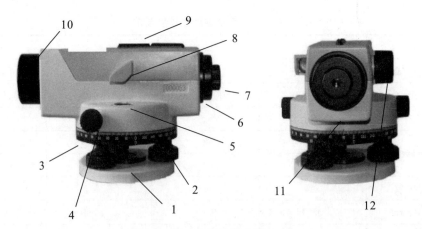

图 2.14 自动安平水准仪

1—基座；2—脚螺旋；3—度盘；4—水平微动手轮；5—圆水准器；6—目镜罩；7—目镜；
8—水泡观察器；9—粗瞄器；10—物镜；11—度盘指示牌；12—调焦手轮

自动安平水准仪的测量步骤如下：

（1）安装和整平仪器。

（2）解开三脚架下部的皮带，松开制动螺旋，确保三脚架稳定。

（3）分开三只脚，使其成正三角形，用力踩踏三脚架底部，使三个脚尖稳固地插入地面，同时使三脚架架头平面基本处于水平位置，其高度应使望远镜与观测者的眼睛基本一致。

（4）将仪器安置在三脚架架头上，并用中心螺旋手把将仪器可靠紧固。

（5）旋转脚螺旋，使圆水准器内的气泡居中。

（6）观察望远镜目镜，旋转目镜罩，使分划板刻画成像清晰。

（7）用仪器上的粗瞄准器瞄准标尺，旋转调焦手轮，使标尺成像清晰。这时眼睛作上、下、左、右的移动，目标影像与分划板刻线应无任何相对位移，即无视差存在。然后旋转水平微动手轮，使标尺竖丝正确地置于标尺中间。

（8）当需要进行角度测量或定位时，仪器务必设置在地面标点的中心上方，把垂球悬挂在三脚架的中心螺旋手把上，使垂球的尖与地面标点相距 2cm 左右，直到垂球尖对准地面标点，即定中心于一测点上。

自动安平水准仪仍旧使用标尺读数，读数时应注意：瞄准好标尺后，首先检查圆水准器内的气泡是否居中，再读取水平丝在标尺上的位置（先读水平丝下面最近的厘米值，然后估读出水平丝在厘米间隔内对应的毫米值）。为了提高测量精度，可用三丝法核校数据，分别读取水平丝和上下丝的值，再用上下丝读数的平均值来检验中丝的读数。

如图 2.15 所示，图中中丝读数为 1.143m；上丝为读数为 1.220m；下丝读数为1.068m；验算上下丝读数的平均值为 1.144m。

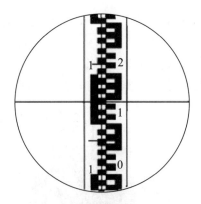

图 2.15 自动安平水准仪读数

自动安平水准仪在投入市场前已充分校正各几何轴线位置，但其在运输过程中或长期使用后精度可能发生偏差，为了保证测量精度，使用前必须对仪器进行检测，若发现偏差，须进行校正。

首先应对圆水准器进行检校，将自动安平水准仪安装在三脚架上，用脚螺旋将气泡准确居中，旋转望远镜，如果气泡始终位于分划圆中心，说明圆水准器位置正确；否则需要校正。方法如下：

（1）转动脚螺旋，使气泡向分划圆中心移动，移动量为气泡偏离中心量的一半。

（2）调节圆水准器的调节螺钉，使气泡移至分划圆中心，用上述方法反复检校，直到气泡不随望远镜的旋转而偏移，校正方法如图 2.16 所示。

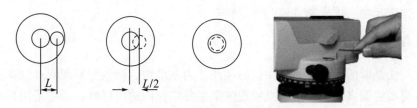

图 2.16 圆水准器校正方法

其次应对望远镜视准轴水平（即 i 角）进行检校，可以按国家水准测量规范进行，也可按下述方法进行：

（1）将仪器安置在平坦场地，相距约 50m 的两点的中间，整平仪器，在 A、B 两点设置标尺，用仪器瞄准标尺并读取数值 a_1、b_1，如图 2.17（a）所示。

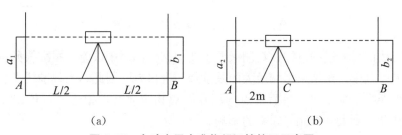

（a）   （b）

图 2.17 自动安平水准仪望远镜校正示意图

（2）将仪器移至距 A 点（或 B 点）约 2m 处（C 点），整平并再次读取标尺读数 a_2、b_2，如图 2.17（b）所示。

（3）如果 $a_1-b_1 \neq a_2-b_2$，则仪器需要校正。

（4）在 C 点取下目镜罩，再松开紧固螺钉，如图 2.18 所示。

图 2.18　目镜罩位置示意图

（5）用 2.5mm 内六角扳手松动或拧紧分划板紧固螺钉，使分划板刻线对准正确读数：$b_2=a_2-(a_1-b_1)$。

（6）重复上述步骤后反复检查、校正，直到误差小于 1/30000 为止。

（7）校正完毕，按步骤（1）重新检验。

4. 视准线法

视准线法是以两固定点间经纬仪的视线作为基准线，测量变形观测点到基准线间的距离，从而确定偏离值的方法。当要观测某一特定方向的位移时，经常采用视准线法进行。如图 2.19 所示，A、B 是视准线的两个基准点（端点），1、2、3 为水平位移观测点。观测时将经纬仪置于 A 点，将仪器照准 B 点，将水平制动装置制动。竖直转动经纬仪，分别转至 1、2、3 三个点附近，用钢尺等工具测得水准观测点至 AB 这条视准线的距离。根据前后两次的测量距离，可得出这段时间内的水平位移量。

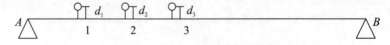

图 2.19　视准线测量法原理示意图

由基准线的设置过程可知，观测误差主要包括仪器对中误差、视准线照准误差、读数照准误差。其中，对结果影响最大的是读数照准误差。因此，当视准线太长时，目标模糊，读数照准精度太差；且后视点与测点距离相距太远，望远镜调焦误差较大。另外，此方法还受到大气折光等因素的影响。

视准线法因其原理简单、方法实用、实施简便、投资较少的特点，在水平位移观测中得到了广泛应用，并且衍生出了多种多样的观测方法，如分段视准线法、终点设站视准线法等。

5. 激光准直法

激光准直法是以激光束作为基准线，在被测点上设置激光束的接收装置，求得准直点偏离值的测量方法。激光准直仪按操作原理可分为振幅测量法、干涉测量法与偏振测量法。

激光准直仪的结构如图 2.20 所示，由激光器发出一束单横模的激光（一般为可见光，通常采用氦氖激光器的 $0.633\mu m$ 的光），利用倒置的望远镜系统将光束形成直径很细（约为几毫米）的平行光束，或者将光束在不同距离上聚焦成圆形小光斑。此平行光束中心的轨迹为一条直线，即可作为准直和测量的基准线。在需要准直的位置处用光电探测器接收准直光束。该光电探测器为四象限光电探测器（即由 4 块光电池组成），激光束照射到光电探测器上时，每块光电池会产生电压 V_1，V_2，V_3，V_4。当激光束中心照射在光电探测器中心时，由于 4 块光电池收到相同的光能量，产生的电压值相等；而当激光束中心偏离光电探测器中心时，将有偏差电压信号 V_x 和 V_y；$V_x = V_1 - V_3$，$V_y = V_2 - V_4$。根据偏差电压即可知道接收点位置的偏移大小和方向。

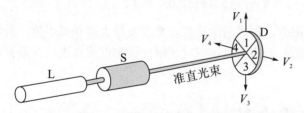

图 2.20　激光准直仪的结构图
L—激光器；S—望远镜；D—四象限光电探测器

6. 引张线法

引张线法是利用一根拉紧的引张线建立基准面来测定观测点的偏离值的方法。精密准直测量所使用的引张线，必须具有很强的耐断性能，直径均匀。需采用专用设备拉紧和移动引张线，引张力为引张线允许张力的 $65\% \sim 70\%$。应用的读数显微镜的测微器或垂直投影仪的读数指示器的最小分划值为 0.01mm。

采用引张线法进行准直测量，必须在空气处于静止状态时进行。如引张线为不锈钢丝，当钢丝长在 100m 以内时气流对不锈钢丝的侧面速度不应超过 0.15m/s；钢丝长在 100~400m 内时气流对不锈钢丝的侧面速度不应超过 0.1m/s。用浮托引张线法时，可采用 0.4~0.6mm 直径的特高强度的不锈钢丝。当跨距为 400m 时，引张力取 200~250N。

引张线法观测时首先采用显微镜或垂直投影仪在基准线两端点安置引张线，稳定后（经过 5min 左右）在第一个待测点上安置显微镜或垂直投影仪进行观测，依次观测到最后一个待测点，作为往测。每个待测点读数四次为一测回。返测时，重新安置引张线并把引张线沿纵向方向移动一段距离，仪器的置中插轴旋转 180°后，从最后的待测点开始，按上述要求逐点观测。往返各一测回。引张线法观测偏离值的精度计算，按往返观测偏离值之差，用通常的双观测中误差公式计算。引张线法观测偏离值的技术要求见表2-3。

表2-3　引张线法观测偏离值的技术要求

等级	三级		四级		
观测方法	光学引张线法	浮托引张线法	光学引张线法	光学引张线法	浮托引张线法
基准线长度 L（m）	100~140	50~400	30~100	140~400	140~400
测回数	1	1	1	1	1
	1	1	1	1	1
读数次数	4	4	4	4	4
估读（mm）	0.001	0.001	0.001	0.001	0.001
成果取位（mm）	0.01	0.01	0.01	0.01	0.01
读数互差	≤0.100 0.1~0.22①	≤0.100	≤0.100 0.1~0.22①	≤0.100 0.1~0.22①	≤0.100
往返测观测互差	≤0.0029L	≤0.0029L	≤0.0057L	≤0.0057L	≤0.0057L

注：①引张线法高于作业面1~4m时相应读数限差。

当读数互差超限时，再测两次读数，并舍去最大值和最小值。若仍超限，应重新观测该测回。往返观测互差超限时，应对超限的待测点重新进行往返观测。

2.3　地面沉降检测

2.3.1　地面沉降检测的基本概念

地面沉降检测是一种综合的监测技术，旨在通过高精度的测量方法，实时监测和评估地面表面的下沉或沉降现象。这一过程不仅关注地面的物理变化，而且深入探讨了导致这些变化的多种因素，如地质构造、土壤条件、地下水位的波动以及人类活动的影响等。

2.3.2　监测地面沉降的方法

监测地面沉降的方法主要有以下几种。

1. 精密水准测量法

精密水准测量法是一种利用精密水准仪对地面的垂直变形进行测量的方法，基本原理是利用重力作用和水准仪的观测能力，结合水平面的判定，来确定不同位置之间的高程差，其核心原理为水准仪的测量结果与水平面的判定相结合。这种测量技术通常被称为二等水准测量，它通过水准仪和水准尺来测定地面上两点之间的高差。

进行精密水准测量时，首先在地面两点之间安置水准仪，然后观测竖立在这两点上的水准标尺。通过读取水准标尺上的数值，可以推算出两点间的高差。测量通常从一个水准原点或已知高程点开始，沿着选定的水准路线逐站进行，以测定沿线各点的高程。精密水准测量的应用领域包括城市高程控制、地面沉降监测和精密工程测量。水准测量技术的相关要求见表 2-4 至表 2-7。

表 2-4 一等、二等水准测量技术要求

等级	仪器类型	视线长度（m）		前后视距差（m）		任一测站前后视距累积差（m）		视线高度（m）		数字水准仪重复测量次数
		光学	数字	光学	数字	光学	数字	光学（下丝）	数字	
一等	DSZ05、DS05	≤30	≥4 且≤30	≤0.5	≤1.0	≤1.5	≤3.0	≥0.5	≥0.65 且≤2.8	≥3 次
二等	DSZ1、DS1	≤30	≥3 且≤50	≤1.0	≤1.5	≤3.0	≤6.0	≥0.3	≥0.55 且≤2.8	≥2 次

表 2-5 一等、二等水准测量往返测回要求

等级	往（返）测距离总和（km）	测段距离中数（km）	各测站高差（mm）	往（返）测高差总和（mm）	测段高差中数（mm）	水准点高程（mm）
一等	0.001	0.1	0.01	0.001	0.1	1
二等	0.001	0.1	0.01	0.001	0.1	1

表 2-6 二等水准测量精度要求

水准测量等级	每千米测量偶然中误差 M_h（mm）	每千米水准测量中误差 M_w（mm）	限差				
			检测已测段高差之差（mm）	往返测不符值		附合路线或环线闭合差（mm）	左右路线高差不符值
				平原	山区		
二等	≤1.0	≤2.0	$6\sqrt{Ri}$	$4\sqrt{K}$	$0.8\sqrt{n}$	$4\sqrt{L}$	—

表 2-7 水准测量的主要技术标准

等级	路线长度（km）	水准仪最低型号	水准尺	观测次数
二等水准	≤400	DSZ1、DS1	铟钢尺	往返

精密水准测量法主要有几何水准测量和重力高程测量两种。

（1）几何水准测量。

几何水准测量是一种通过观测目标点与测站之间的水平线来测量高程差的方法。它需要设置测站和观测目标点，再进行直接或间接的水准测量。直接水准测量是利用水准

仪直接观测目标点和测站之间的高程差，间接水准测量是通过测量测站与参考点之间的高程差，再间接得到目标点与测站之间的高程差。

（2）重力高程测量。

重力高程测量是一种通过观测重力加速度变化来测量高程差的方法。它利用重力加速度与地壳运动及大地水准面测量的相关性，通过测量重力加速度的变化来推算出不同位置之间的高程差。

精密水准测量法在建筑、道路、桥梁等工程项目中具有重要应用，有助于提高工程项目的质量和安全。

2. 全球导航卫星系统（GNSS）测量法

全球导航卫星系统测量法是指通过全球定位系统，测量地面某一点在时间上的位置变化。GNSS 的应用是测量技术的一项革命性变革，在变形监测方面，与传统方法相比较，GNSS 不仅具有精度高、速度快、操作简便等优点，而且利用 GNSS 和计算机技术、数据通信技术及数据处理与分析技术进行集成，可实现从数据采集、传输、管理到变形分析及预报的自动化，达到远程在线网络实时监控的目的。GNSS 变形监测的特点如下。

（1）测站间无须通视。

对于传统的地表变形监测方法，监测点之间只有通视才能进行观测，而 GNSS 变形监测的一个显著特点就是监测点之间无须保持通视，只需测站上空开阔即可，从而可使变形监测点位的布设方便而灵活，减少了不必要的中间传递过渡点，有效降低了成本。

（2）可同时提供监测点的三维位移信息。

采用传统方法进行变形监测时，平面位移和垂直位移是采用不同方法分别监测的，这样不仅监测的周期长、工作量大，而且监测的时间和点位也很难保持一致，为变形分析增加了困难。而采用 GNSS 测量可同时精确测定监测点的三维位移信息。

（3）全天候监测。

GNSS 测量不受气候条件的限制，无论起雾、刮风、下雨、下雪均可进行正常的监测。配备防雷电设施后，GNSS 变形监测系统便可实现全天候观测，它对山体滑坡、泥石流等自然灾害监测极为重要。

（4）监测精度高。

GNSS 可以提供较高的相对定位精度。在变形监测中，如果 GNSS 接收机天线保持固定不动，则天线的对中误差、整平误差、定向误差、天线高测定误差等并不会影响变形监测的结果。同样，GNSS 数据处理时起始坐标的误差、解算软件本身的不完善以及卫星信号的传播误差（电离层延迟、对流层延迟、多路径误差）中的公共部分的影响也可以得到消除或削弱。实践证明，利用 GNSS 进行变形监测可获得 $\pm(0.5 \sim 2)$ mm 的精度。

（5）操作简便，易于实现监测自动化。

GNSS 接收机的自动化程度已越来越高，趋于"傻瓜"式操作，而且体积越来越小，重量越来越轻，便于安置和操作。同时，GNSS 接收机为用户预留有必要的接口，用户可以较为方便地利用各监测点建成无人值守的自动监测系统，实现从数据采集、传输、处理、分析、报警到入库的全自动化。

下面以隔河岩大坝外观变形 GNSS 自动化监测系统为例进行说明。隔河岩大坝位于湖北省长阳县，是清江中游的一个水利水电工程。大坝为三圆心变截面混凝土重力拱坝，坝长 653m，坝高 151m。隔河岩大坝外观变形 GNSS 自动化监测系统于 1998 年 3 月投入运行，系统由数据采集、数据传输、数据处理、数据分析和数据管理等部分组成。整个系统全自动化，应用广播星历 1~2h GNSS 观测资料解算的监测点位水平精度优于 1.5mm（相对于基准点），垂直精度优于 1.5mm；6h GNSS 观测资料解算水平精度优于 1.0mm，垂直精度优于 1.0mm。1998 年，长江流域发生大洪水，湖北隔河岩大坝成功利用 GNSS 自动化变形监测系统在抗洪错峰中发挥了巨大作用，确保了长江安全渡汛，避免了荆江大堤的灾难性分洪。

3. InSAR（干涉合成孔径雷达）技术

InSAR 技术是通过利用合成孔径雷达（SAR）图像中的相位信号来获取毫米级地表形变信息的技术。随着宽幅 SAR 成像技术的成熟，国内外 SAR 卫星数据爆炸式增长，在计算机存储与计算能力不断增强的背景下，针对全国尺度的地质灾害调查、监测的迫切需求，研究人员结合卫星大数据处理技术与超算硬件平台，经过两年多的时间对早期独立研发的相干目标时序 InSAR 处理软件进行算法改进及并行优化，研发出我国首套具有自主知识产权的超算 InSAR 系统，实现了 InSAR 大数据自动化、批量并行处理。随着技术的进步，差分雷达干涉测量（D-InSAR）逐步发展，为我国的地面变形测量提供了新的技术手段。自 D-InSAR 提出之后，广泛应用于滑坡、地震等量级较大的形变测量，精度可达毫米级别。事实上，在 D-InSAR 形变测量过程中，差分干涉相位混杂了大气相位、解缠误差、噪声相位等误差项，导致 D-InSAR 难以实现地表变形缓慢的形变测量。为解决 D-InSAR 面临的失相干、大气相位等误差项的影响，研究人员通过分析散射特性稳定的地面目标的差分干涉相位时序变化过程，研发了以永久散射体（PSI）和短基线集（SBAS）为代表的时序 InSAR 技术，从而使该技术开始广泛应用于滑坡、冻土冻胀融沉、地震间期的应力积累及震后应力释放引发的地面变形、地下资源开采、城市地表沉降等场景。

合成孔径雷达利用天线接收由卫星主动发射的脉冲经过地球表面反射的信号，接收到的散射回波信号经过聚焦和处理，以获得高分辨率的雷达图像。在图 2.21 中，S_1，S_2 分别是 SAR 系统卫星两次成像时的位置，B 是空间基线（天线之间距离），H 为传感器高度，α 是水平方向和空间基线之间的夹角。在雷达视线向（LOS）投影成垂直基线（$B_\perp$）、在空间基线投影成平行基线（$B_\parallel$），其中垂直基线（$B_\perp$）垂直于雷达视线，平行基线（$B_\parallel$）平行于雷达视线。

$$B_\perp = B\cos(\theta - \alpha) \tag{2-11}$$

$$B_\parallel = B\sin(\theta - \alpha) \tag{2-12}$$

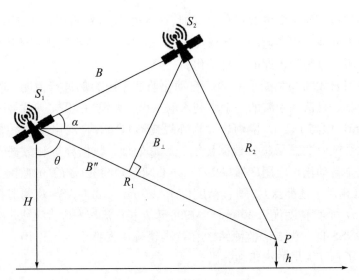

图 2.21 InSAR 技术原理图

由图 2.21 可知，地面目标点 P 至天线 S_1，S_2 之间的距离分别为 R_1，R_2，θ 是卫星的入射角，地面目标点 P 的高度为 h。则天线 S_1，S_2 分别接收到的 SAR 回波信号为

$$\varphi_1 = -\frac{4\pi}{\lambda}R_1 + \arg(\mu_1) \tag{2-13}$$

$$\varphi_2 = -\frac{4\pi}{\lambda}R_1 + \arg(\mu_2) \tag{2-14}$$

$$\Delta\varphi = \varphi_1 - \varphi_2 = -\frac{4\pi}{\lambda}(R_1 - R_2) \tag{2-15}$$

式中：φ——相位差；

μ_1，$\mu_2 \in [-\pi，\pi)$——分别对应于往返斜距 R_1，R_2 的非整周相位；

λ——雷达波长。

图 2.21 中，$\triangle S_1 S_2 P$ 由天线 S_1，S_2 和地面目标点 P 组成，根据余弦定理可知：

$$\cos\left(\frac{\pi}{2} - \theta + \alpha\right) = \sin(\theta - \alpha) = \frac{R_1^2 + B^2 - R_2^2}{2R_1 B} = \frac{(R_1 - R_2)(R_1 + R_2) + B^2}{2R_1 B}$$
$$\tag{2-16}$$

因为星载卫星系统中，$R_1 \gg B$，式（2-16）可简化为

$$\sin(\theta - \alpha) \approx \frac{(R_1 - R_2)}{B} \approx -\frac{\lambda_{\Delta\varphi}}{4\pi B} \tag{2-17}$$

根据图 2.21，有几何关系：

$$h = H - R_1 \cos\theta \tag{2-18}$$

根据已知参数，综合式（2-17）和（2-18），即可通过计算出的相位差 φ，再反求出地面高程 h。

4. 断面测量法

断面测量法是对某一方向的剖面的地面起伏进行测量，沿着特定路线或断面，使用

测量仪器测量地面高程，以掌握地面沉降情况。纵断面主要供设计坡度用，横断面主要用于计算挖填的土石方量，横断面施测宽度由管道的直径、埋深以及工程的特殊要求共同确定，一般为每侧 20m。高差和距离观测结果精确到 0.05～0.1m 即可满足一般管线工程要求，因此可采用简易工具和方法进行横断面测量以提高工作效率。由于中平测量时已经测出中线上各中桩的地面高程，所以进行横断面测量时只要测出横断面方向上各特征点至中桩的水平距离和高差即可。常见的横断面测量方法有水准仪皮尺法、标杆皮尺法、经纬仪视距法和全站仪对边测量法等。

（1）水准仪皮尺法。

当横断面精度要求较高、横断面较宽且高差变化不大时，宜采用这种方法。这种方法可以与中平测量同时进行，特征点作为中间点看待，但要分别记录。水准仪安置后，以中桩为后视，其两侧横断面方向上各特征点为中视，读数至厘米，用皮尺分别量取各特征点至中桩的水平距离，读数至分米即可。

（2）标杆皮尺法。

在中桩及其横断面方向各特征点上竖立标杆，从中桩沿左右两侧依次在相邻两点拉平皮尺以测量两点间水平距离。在标杆上直接读取两点间高差，测量数据直接记入表中。标杆也可以用水准尺代替。该方法易于操作，但精度较低，适于精度要求较低的管线横断面测量。

（3）经纬仪视距法。

将经纬仪安置在中桩上测定横断面方向后，瞄准横断面方向上各地形特征点所立视距尺，分别读取上、中、下丝读数和竖直度盘读数，即可按照视距测量方法同时计算出各特征点至中桩的水平距离和高差。该方法适用于地形复杂、横坡较陡的管线横断面测量。

（4）全站仪对边测量法。

若测站 S 分别与 T_1，T_2 两目标点通视，不论 T_1 与 T_2 之间是否通视，都可以测定它们之间的距离和高差，这种方法称为对边测量。采用全站仪对边测量法进行横断面测量时，在中柱上安置全站仪，瞄准横断面左侧第 1 个特征点上的棱镜，按距离测量键；然后依次瞄准第 2、第 3 个特征点，每次按对边测量键，都可以显示两点之间的水平距离和高差。采用同样的方法进行右侧特征点间的水平距离和高差测量。该方法适用范围较广，且观测精度较高。

根据横断面观测结果，可以在毫米方格纸上手工绘制或使用计算机自动绘制横断面图。绘图时应当以中桩为坐标原点，水平距离为横坐标，高程为纵坐标；最下一栏为相邻特征点之间的距离，其上一栏竖写的数字是特征点的高程。为了计算横断面的面积和确定管线开挖边界的需要，应设置相同的水平和高程比例尺。

断面线不总是符合设想的，在实际工程中通常会遇到各种各样的情况。例如，断面线上无障碍物时，应先在断面基点上设站，对中置平全站仪。设置断面左侧方向角为 $0°$，设站点坐标 N、E 的值为 0，设置 Z 为测点高程。开始测量时，直接按坐标测量键，即可显示断面点的距离和高程。测站转点时，输入转点 N 的绝对值，设置后视方向为 $180°$，检测后视点是否有误，无误即可开始测量。断面线上有障碍物时需要记录

下转点的 N、Z、E 的数据和方向角，当全站仪放置在转点时，输入 N、Z、E 的数值；将后视对准断面基点，后视方向为 $Z_A+180°$ 或 $Z_A-180°$，校核后视坐标无误后，即可进行断面测量。

如果测量时遇到新建堤防、新建公路、新开挖的河道等无法架设仪器，可以采用以下两种方法进行断面测量。

①延长线法：采用数学上两点一线定出测站点，即在后视点上对准断面基点，在此方向截取一点架设仪器，以断面基点为后视方向，测出两点的距离和测站高程，即可建立以断面基点为原点，断面方向为 X 轴的直角坐标系。

②断面方向线法：在后视点上设站，对准断面基点输入 $Z_A=0$，测出两点距离 S，然后指挥转点 A，当全站仪显示 $N=S$ 时，点 A 即处在断面线上，记录下点 A 的 E 值为 S_1，然后在点 A 架设全站仪，以断面基点为后视方向，反算测站高程 H，这样就完成了直角坐标系的建立。

5．激光测距法

激光测距仪是利用激光对目标距离进行准确测定的仪器。初期的激光测距仪只是单纯测量点到点的距离，随着技术的不断进步，已延伸出很多的间接测量和自动计算功能。现在可以利用激光测距仪对地面进行测量，以获得地面高程变化的数据。激光测距仪在工作时向目标发射出一束很细的激光，由光电元件接收目标反射的激光束，计时器测定激光束从发射信号到接收的时间，时间乘以光速再除以二，即可得出观测者到目标的距离。根据工作原理的不同，激光测距法大体可分为脉冲测距、干涉测距、三角测距和相位测距四种。

（1）脉冲测距法。

脉冲测距法的原理是基于光的传播速度为恒量来进行测距的，激光器发射的脉冲投射到待测目标上，通过目标的漫反射由接收器接收，再由光电转换元件转换为电信号，经放大器放大后，用数字电路或图像法直接测定光往返一次所需的时间，然后计算出距离并显示出来。这一测距方法的主要特点是光束能以脉冲形式集中发射，通过待测目标的漫反射进行距离测量，不需要专门设置合作目标，使用非常方便。但由于反射物表面的高低不平及时间测量技术的限制，这种测距装置精度较低，一般误差为 2～5m。脉冲测距法原理如图 2.22 所示。

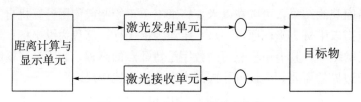

图 2.22　脉冲测距法原理示意图

（2）干涉测距法。

干涉测距法是基于光波干涉原理进行测距的。根据光的干涉原理，两束具有固定相位差，而且有相同频率、相同振动方向或振动方向之间夹角很小的光相互交叠，会产生干涉现象，入射激光到达分光镜后分成反射光和透射光，并分别由固定反射镜和可动反射镜反射后在分光镜处汇合成相干光束。两束光的路程之差会影响合成光的振幅，最终影响光强。激光干涉测距仪利用这一原理使激光束产生明暗相间的干涉条纹，由光电转换器接收并转换为电信号，经处理后由光电计数器计数，从而实现对位移量的检测。由于激光的波长极短，特别是激光的单色性好且波长值很准确，因此，用干涉测距法测距的精度非常高。干涉测距法原理如图 2.23 所示。

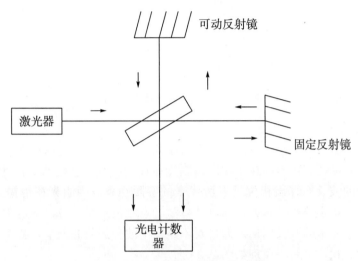

图 2.23　干涉测距法原理示意图

（3）三角测距法。

将物面与光源及接收系统摆放在三个点，构成三角形光路进行测量的方法即为三角测距法。激光光源发出的光束经透镜聚焦照射到被测物面上，光线由物面反射，被光电接收系统接收。为了使光敏面能清晰成像，可在其前方加一聚焦镜头。如果物面发生移动，可根据三角形相似原理求出光敏面上光斑的移动量。反之，如果知道光敏面上光斑的移动量也可求出物面的移动量。三角测距法形式多样，既可以使激光正入射到物面上，光电接收系统倾斜接收，也可使激光斜入射到物面上，光电接收系统正接收或倾斜接收。光源与接收系统如何放置主要是根据测量系统所测试的目标、测量系统的构造、测量系统其他辅助设备的设计等确定。三角测距法原理如图 2.24 所示。

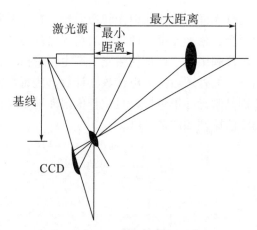

图 2.24　三角测距法原理示意图

（4）相位测距法。

相位测距法是一种利用激光测距仪进行距离测量的方法，它通过无线电波段频率对激光光束进行幅度调制，核心在于测定调制光在往返测线一次过程中产生的相位延迟，并根据调制光的波长换算出相位延迟所代表的实际距离。当激光在传播介质中往返一次，会产生一个特定的相位延迟，通过计算激光点相位延迟，可以确定激光在传播过程中经历了多少个完整的波长周期。通过对不足一个波长部分的测量，相位测距法能够达到很高的精度。相位测距法原理如图 2.25 所示。

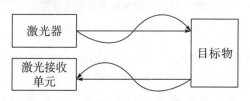

图 2.25　相位测距法原理

激光测距仪具有体积小、重量轻、便于携带、分辨率高、数据准确可靠、使用寿命长以及抗干扰能力强的优点，在实际监测工程中得到了广泛的应用。在使用激光测距仪时要尽量使其水平，因为机身设计有一个倾斜范围，超出这个范围就无法测量。测量时一定要照准需测点，否则测出的数据就不是需测点的数据，会导致测量错误。且正常测量一测站点要测三次以上，并取平均值作为最终测量结果。要特别注意激光测距仪不能对准人眼测量，防止对人体造成伤害。一般激光测距仪不具防水与防摔功能，所以在使用时应轻拿轻放。使用过程中可以经常检查仪器外观，及时清理表面的灰尘脏污、油脂、霉斑等。在清洁目镜、物镜或激光发射窗时应使用柔软的干布，以免损坏其光学性能。

2.4 内部测量方法与设备

2.4.1 卫星重力测量方法

人造卫星按用途可以分为科学卫星、技术试验卫星和应用卫星（军用卫星、民用卫星、商用卫星以及军民两用卫星），按轨道高度可以分为低轨道卫星、中高轨道卫星和地球静止轨道卫星。低轨道卫星的轨道高度为 200~2000 千米；中高轨道卫星的轨道高度为 2000~20000 千米；地球静止轨道卫星（高轨卫星）的轨道高度为 35786 千米，位于赤道上空。

虽然人造卫星的种类繁多，用途各异，但它们有一些共同特点：

（1）卫星的运动规律都要遵循开普勒三大定律。

（2）卫星都需要由运载火箭或航天飞机发射到太空，以获得必须的环绕速度绕地球飞行。

（3）尽管卫星的用途不同，但它们都是由公用系统和专用系统两大部分组成的。公用系统是每个卫星都必须具备的系统，它包括结构系统、热控制系统、姿态和轨道控制系统、数据管理系统、无线电测控系统、电源系统等。专用系统则是每种卫星特有的，因任务不同而异，我们常把这些用于完成特定任务的系统称为"有效载荷"。

卫星重力测量（Satellite Gravity Survey，SGS）利用人造卫星测量地球的重力场，与传统的重力测量完全不同，并不是把重力仪安放在人造卫星上，因为在高速运转的人造卫星内物体是失重的，任何重力仪放在里边都无法工作。它既不同于传统的车载、船载和机载重力测量，也不同于卫星测高和轨道摄动分析，而是通过卫星跟踪卫星和卫星重力梯度恢复高精度和高空间分辨率的全球重力场。

假定地球是一个理想的内部密度均匀的对称球体，那么它的重力场就可用一个点质量周围的重力场来代替。作为一个围绕点质量旋转的小质点（如人造卫星）的轨道可用开普勒定律来描述，即在固定平面上，方向和大小都是固定的椭圆。开普勒第三定律将卫星运行周期的平方与轨道椭圆长半径的立方之比看作一常量，即

$$\frac{T_s^2}{a_s^3} = \frac{4\pi^2}{GM} \tag{2-19}$$

式中：G——引力常量；

M——中心天体质量。

假设卫星运动的平均角速度为 n，则 $n = \frac{2\pi}{T_s}$，可得

$$n = \left(\frac{GM}{a_s^3}\right)^{\frac{1}{2}} \tag{2-20}$$

当开普勒椭圆的长半径确定后，卫星运行的平均角速度也随之确定，且保持不变。

开普勒第三定律已被证明，若想求出卫星运动方程的第 6 个积分常数，即卫星的第 6 个轨道参数，尚需进一步研究卫星的运动速度。卫星运动速度可由式（2−21）表示：

$$v^2 = \mu(\frac{2}{r} - \frac{1}{a}), E - e\sin E = n(t - \tau) \tag{2−21}$$

式中：E——偏近点角；

τ——积分常数。

如果偏近点角 $E = 0°$，则由式（2−21）可看出，这时的卫星恰好运行至近地点。当 $E = 0°$ 时，显然有 $t = \tau$，即 τ 是卫星通过近地点的时刻，称为卫星通过近地点的时刻参数。

由开普勒定律可知，卫星运动轨道是通过地心平面上的一个椭圆，且椭圆的一个焦点与地心相重合。确定椭圆的形状和大小至少需要两个参数，即椭圆的长半径a_s及其偏心率e_s（或椭圆的短半径b_s）。另外，为确定任意时刻卫星在轨道上的位置，需要一个参数，一般取真近点角 f 或 t。参数a_s，e_s，f_s（f_s 表示在时间点 S 时的真近点角值）唯一地确定了卫星轨道的形状、大小以及卫星在轨道上的瞬时位置，Ω，i 确定了卫星轨道平面与地球体的相对位置，但卫星轨道平面与地球体的方向还无法确定，尚需另外一个参数，即近地点角距（或近升角距）。因此，卫星的无摄运动一般可通过一组适宜的参数来描述，但这组参数的选择并不唯一，其中应用最广泛的一组参数称为开普勒轨道参数或开普勒轨道根数。由上述 6 个参数所构成的坐标系统称为轨道坐标系，广泛用于描述卫星运动。

实际上，地球并不是一个理想的内部密度均匀的球体，而是一个从地壳到地幔、地核都有密度差异的近似旋转椭球体。因此，球体外部空间的重力场不能用点质量的引力来代替，这就使人造卫星的运行轨道在受到地球重力场及其他因素的影响下产生扰动，其运动轨道为摄动轨道，摄动轨道与正常轨道之差称为摄动量。人造卫星运行轨道可利用轨道 6 要素通过卫星监控站精确地测量出来。地球外部任一点的重力位满足拉普拉斯方程，把它放在球坐标系中进行球体分析，就可发现地球重力位公式中的球体系数和卫星轨道要素有关。卫星重力学要解决的问题就是根据消除其他因素影响后的轨道摄动来确定地球引力场的球体系数，进而推算出地球外部空间的重力场，进而推算出地球内部不同深度范围存在的密度不均匀体的分布情况。

卫星重力梯度仪是一种能直接探测空间重力加速度矢量梯度的传感器。由于重力梯度可以较好地反映等位面的曲率和力线的弯曲程度，因此更能反映重力场的精细结构。在地球卫星内的微重力环境中，由于不同位置点加速度的差异较小，因此不同属性的重力梯度仪通常由 1~3 对属性相同的加速度计按不同的排列方式组合而成，再精确测定每对加速度计检验质量之间的相对位置变化，通过观测重力加速度的差得到重力梯度张量，这也是它能在微重力环境下直接测量地球重力场参数的主要原因。目前，在使用的重力梯度仪包括旋转式重力梯度仪、静电悬浮重力梯度仪、超导重力梯度仪、量子重力梯度仪等。未来，重力梯度仪的发展方向以静电悬浮重力梯度仪、超导重力梯度仪等为主。

（1）静电悬浮重力梯度仪。

重力场与稳态洋流探测器卫星采用的静电悬浮重力梯度仪（图 2.26）由三对静电悬浮三轴加速度计对称排列组成。其测量原理是利用卫星内固定基线上的差分加速度计检验质量之间的重力加速度差值，进而得到三维重力梯度张量。重力梯度仪的三轴指向与卫星体坐标系严格一致，不仅能测量线性加速度，还能测量角加速度、离心力加速度、科里奥利（Coriolis）加速度以及其他扰动加速度。静电悬浮重力梯度仪具有结构简单、成本低、灵敏度高、抗外界干扰能力强、易于自动化数据采集等优点。

图 2.26　静电悬浮重力梯度仪

（2）超导重力梯度仪。

超导重力梯度仪由三对超导加速度计对称排列组成。单轴超导加速度计由弱弹簧、超导检测质量、感应线圈、量子磁通量和超导量子干涉仪（SQUID 放大器）组成，如图 2.27 所示。SQUID 放大器以 10^{-16} m 的精度测定超导检测质量的位移变化，电磁传感器所产生的磁场被超导检测质量的运动调制并由 SQUID 放大器检测放大，最后转化为电压信号输出。类似于静电悬浮重力梯度仪，超导重力梯度仪可测定重力梯度张量的所有分量，同时用于改正运动平台的线性加速度和角加速度。在同轴分量系统中，信号正比于对角线元素和线性加速度（平移），而交叉分量系统则传递非对角线元素和角加速度（旋转），通过加速度计不同方式的组合可确定对角线分量和全部分量。超导重力梯度仪与静电悬浮重力梯度仪相比，仅在加速度计测量原理上存在差别，前者用超导检测质量代替后者的电磁检测质量，用超导量子干涉仪代替电容装置来测量检测质量的位移；而重力梯度测量原理基本相同。由于超导感应检测质量的位移比静电悬浮法具有更高的灵敏度，因此超导重力梯度仪比静电悬浮重力梯度仪具有更大的发展潜力。

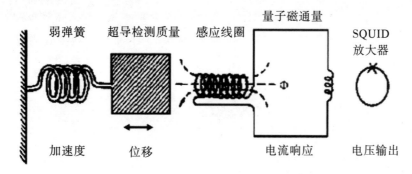

图 2.27　单轴超导加速度计结构示意图

2.4.2　GNSS 变形监测

GNSS 变形监测是一种利用全球导航卫星系统进行高精度变形测量的技术。随着科技的发展，GNSS 技术已成为变形监测领域中应用最为广泛的手段之一。GNSS 技术能够实现全球范围内的自主空间定位，它包括了全球的、区域的和增强的卫星导航系统。这些系统通过发射信号，使得地面接收设备能够接收到实时的位置与时间信息。简而言之，GNSS 系统通过卫星信号传输，计算得到接收设备的经纬度等地理位置信息。通过应用 GNSS 技术，变形监测技术逐渐向自动化、数字化、网络化转变。GNSS 变形监测正逐渐成为评估和预防各种变形相关风险的重要工具，为城市规划、工程建设和环境保护提供了强有力的数据支持。

目前，关键基础设施（如大坝、滑坡、桥梁和高层建筑）的安全监测对保障人民生命财产安全至关重要。为了实现这一目标，采用高精度的监测技术已成为一种标准方法。其中，全球导航卫星系统（GNSS）监测技术因其高精度和可靠性，已成为变形安全监测系统中的核心技术之一。GNSS 监测站能够利用全球卫星导航系统，包括但不限于北斗、GPS、伽利略和格洛纳斯等系统。这些系统通过 GNSS 接收机接收来自多颗卫星的信号，测量卫星与接收机之间的距离。基于这些数据，GNSS 监测站能够计算出自己在地球上的精确位置，如经纬度、海拔等参数，精度可达毫米级。

GNSS 系统和其他卫星通信一样，可以从结构上大概分成三部分：空间段—地面段—用户段。其中，空间段指在地球上空 20000 至 37000 千米之间运行的 GNSS 卫星。这些卫星广播信号识别正在传输的卫星及其时间、轨道和运行状况。地面段是一个由位于世界各地的主控、数据上传和监测站组成的控制网络，主要负责接收卫星信号，并将卫星显示的位置与轨道模型显示的位置进行比较并进行修正。用户段是指所有可以接收卫星信号并根据至少四颗卫星的时间和轨道位置输出位置的设备，主要包含信号接收天线，可处理该信号并输出位置信息的接收与定位模块。其中，有采用基准站与流动站参照提高定位精度的定位模块，也就是 RTK。目前，随着自动驾驶与智能物联网等技术的发展，高精度定位发展也越发迅猛，对定位精度与定位效果测试的需求也越来越多。GNSS 系统组成如图 2.28 所示。

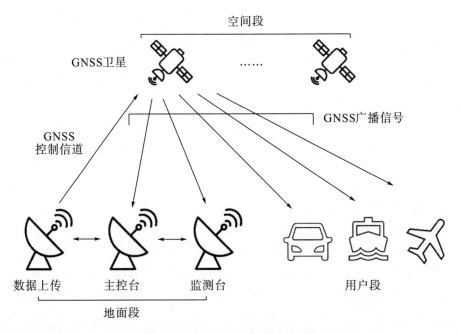

图 2.28　GNSS 系统组成示意图

GNSS 定位基于三角测量原理，依赖于接收器与每颗可见卫星之间的距离的估计，即三点定位法，空间中三个圆的交点即是定位位置（实际上，数学问题中三个圆的交点可能不止一个，但是剩余的都会被视作异常，如不在地球表面等）。从这个角度出发，定位位置最少需要三颗卫星。但实际应用中有所不同，由于 GNSS 信号需要传播的距离非常远，期间存在大量干扰与削弱，因此统一的时间参考误差极大，所以实际应用中会将时间作为第四个变量：接收器参考与卫星机载时钟之间的时间差。目前，GNSS 系统可以划分为以下几种：

（1）GPS 系统。目前，GPS 系统有 24 颗在轨卫星，支持 L1（1575.42MHz）、L2（1227.60MHz）和 L5（1176.45MHz）频率。

（2）北斗系统。北斗卫星导航系统（Beidou Navigation Satellite System，BDS）简称北斗系统，是中国自行研制的全球卫星导航系统。20 世纪后期，中国开始探索适合国情的卫星导航系统发展道路，逐步形成了三步走发展战略：2000 年年底，建成北斗一号系统，向中国提供服务；2012 年年底，建成北斗二号系统，向亚太地区提供服务；2020 年，建成北斗三号系统，向全球提供服务。截至 2022 年 1 月，有 52 颗在轨卫星。

北斗系统具有以下特点：北斗系统空间段采用三种轨道卫星组成的混合星座，与其他卫星导航系统相比，高轨卫星更多、抗遮挡能力强，尤其在低纬度地区的性能优势更为明显。北斗系统提供多个频点的导航信号，能够通过多频信号组合使用等方式提高服务精度。北斗系统创新融合了导航与通信能力，具备定位导航授时、星基增强、地基增强、精密单点定位、短报文通信和国际搜救等多种功能。北斗卫星目前发射多种信号，包括 B1I（1561.098MHz）、B1C（1575.42MHz）、B2a（1175.42MHz）、B2I（1207.140MHz）和 B2b（1207.14MHz）和 B3I（1268.52MHz）。

（3）GLONASS 系统。GLONASS 系统全称为全球卫星导航系统（Global Navigation Satellite System），最早开发于苏联时期，前身为 Parus，后由俄罗斯继续研发。GLONASS 卫星在 GLONASS L1（1598.0625～1605.375MHz）、L2（1242.9375～1248.625MHz）和 L3（1202.025MHz）频率上广播信号。最新一代卫星 GLONASS-K 于 2016 年 2 月投入使用。

（4）伽利略卫星导航（Galileo）系统。Galileo 系统是由欧盟研制和建立的全球卫星导航定位系统，由欧洲委员会和欧空局共同负责。这些卫星沿 L 波段频谱传输，频率标记为 E1（1575.42MHz）、E5（1191.795MHz）、E5a（1176.45MHz）、E5b（1207.14MHz）和 E6（1278.75MHz）。除了基于 E1 和 E5 频段信号的高质量开放服务，Galileo 系统还是第一个为遇险用户提供回传链路的 GNSS 星座。

（5）QZSS 系统（日本）与 IRNSS/NaVic 系统（印度）。二者都是区域性的导航系统，QZSS 全称为准天顶卫星系统（Quasi-Zenith Satellite System），目前共有 4 颗在轨卫星，与 GPS L1、L2、L5 同频；IRNSS/NaVic，印度区域导航卫星系统（Indian Regional Navigation Satellite System，IRNSS）、NAVIC，在轨卫星为 8 颗，与 GPS L5 同频。

2.5　精密水准测量主要误差来源及其影响

误差是指测量测得的量值（测得值）x 与该量的真值 A_0 之间的差，称为误差 Δx，即

$$\Delta x = x - A_0 \tag{2-22}$$

真值是指在一定的时间及空间条件下，某物理量的真实数值，但真值通常无法通过测量手段获取。相对真值也叫实际值，测量仪表按精度不同分为若干等级；上一级的标准器示值相对下一级的标准器而言，可以视为相对真值。在多次测量中，也可以用测得值的算术平均值作为相对真值。实际测量中，产生测量误差的因素很多，主要原因有以下几个方面。

（1）测量方法误差。

测量方法误差是指由于测量方法不完善所引起的误差，包括工件安装、定位不合理或测头偏离、测量基准面本身的误差和计算不准确等所造成的误差。

（2）计量器具误差。

计量器具误差是指计量器具本身在设计、制造和使用过程中造成的各项误差，包括原理误差、制造和调整误差等。

（3）基准件误差。

基准件误差是指作为标准量的基准件本身存在的制造误差和检定误差。例如，用量块作为基准件调整计量器具的零位时，量块的误差会直接影响测得值。因此，为保证一定的测量精度，必须选择一定精度的量块。

（4）测量环境误差。

测量环境误差是指测量时的环境条件不符合标准条件所引起的误差，包括温度、湿度、气压、振动、照明等不符合标准，以及计量器具或工件上有灰尘等引起的误差。其中，温度对测量结果的影响最大。图样上标注的各种尺寸、公差和极限偏差都是以标准温度 20℃ 为依据的。故测量时应根据测量精度的要求，合理控制环境温度，以减小温差对测量精度的影响。

（5）人为误差

人为误差是指由于测量人员的主观因素所引起的人为差错，如测量人员技术不熟练、使用计量器具不正确、视觉偏差、估读判断错误等引起的误差。

在同一测量条件下（测量环境、测量人员、测量技术和测量仪器均相同的条件下），多次重复测量同一量值时（等精度测量）也可能产生误差，可以大致将其分为随机误差、系统误差和粗大误差。

随机误差主要由对测量值影响微小但互不相关的大量因素共同造成，这些因素包括噪声干扰、电磁场微变、零件的摩擦和配合间隙、热起伏、空气扰动、大气微震、测量人员感观的无规律变化等。

随机误差 δ_i 是测量结果 x_i 与在重复性条件下，对同一被测量对象进行无限多次测量所得结果得平均值 $\bar{x}$ 之差。即

$$\delta_i = x_i - \bar{x} \tag{2-23}$$

$$\bar{x} = \frac{x_1 + x_2 + \cdots + x_n}{n} = \frac{1}{n}\sum_{i=1}^{n} x_i, n \to \infty \tag{2-24}$$

随机误差是测量值与数学期望之差，表明了测量结果的分散性，可用来表征测量精密度的高低，随机误差越小，精密度越高。

在同一测量条件下，多次重复测量同一量时，测量误差的绝对值和符号都保持不变，或在测量条件改变时按一定规律变化的误差称为系统误差，简称系差。前者为不变的系差，后者为变化的系差。零位误差属于不变的系差，测量值随温度的变化而增加或减少产生的误差属于变化的系差。造成系差的主要因素如下。

①测量仪器方面：仪器机构设计原理的缺陷；仪器零件制造偏差和安装不正确；电路的原理误差和电子元器件性能不稳定等，如将运算放大器当作理想运放，而忽略输入阻抗、输出阻抗等引起的误差。

②环境方面：测量时实际环境条件（温度、湿度、大气压、电磁场等）对标准环境条件的偏差，测量过程中温度、湿度按一定规律变化引起的误差。

③测量方法：采用近似的测量方法或近似的计算公式等引起的误差。

④测量人员：由于测量人员的个人特点，在刻度上估计读数时，习惯偏于某一方向；动态测量时，记录快速变化的信号有滞后的倾向。

随机误差具有以下特性：①对称性，即绝对值相等的正误差与负误差出现的概率相同；②单峰性，即绝对值小的误差比绝对值大的误差出现的概率大；③有界性，即绝对值很大的误差出现的概率接近于零，随机误差的绝对值不会超过一定界限；④抵偿性，指当测量次数逐次增加时，全部误差的代数和趋于零。单峰性不一定对所有的随机误差

都存在，但抵偿性却是随机误差最本质的特性。测量随机误差除大量满足正态分布外，还有一些不满足正态分布，统称为非正态分布。常见的非正态分布有均匀分布、三角分布、反正弦分布，这三种分布都是有界的。

粗大误差是一种明显与实际值不符的误差，简称粗差，又称疏失误差。产生粗大误差的原因主要是测量操作疏忽和失误，如测错、读错、记错以及实验条件未达到预定的要求而匆忙实验等；测量方法不当或错误，如用万用表电压挡直接测量高内阻电源的开路电压，用万用表交流电压挡测量高频交流信号的幅值等；测量环境条件的突然变化，如电源电压突然增高或降低、雷电干扰、机械冲击等引起测量仪器的示值剧烈变化等。

含有粗大误差的测量值称为坏值或异常值，在处理数据时应剔除掉。在去除粗大误差后，各次测量值的绝对误差等于系统误差和随机误差的代数和。任何一次测量中，系统误差和随机误差一般都是同时存在的，而且两者之间不存在绝对的界限，随着人们对误差来源及其变化规律认识的加深，就有可能把以往认识不到而归为随机误差的某项误差明确为系统误差；反之，当认识不足或受测试条件所限时，也常把系统误差当作随机误差，并在数据上进行统计分析处理。系统误差和随机误差之间在一定条件下是可以相互转化的，对某一具体误差，在 A 场合下为系统误差，而在 B 场合下可能为随机误差；反之亦然。

3 控制基准与控制网优化

3.1 变形监测

变形监测方法和仪器的选择主要取决于工程地质条件以及工程周围的环境条件，根据监测内容的不同选用不同的方法和仪器。比如对于局部性的外观变形监测、高精度水准测量，高精度三角、三边、边角以及测量机器人监测系统是良好的手段和方法。而钻孔倾斜仪、多点位移仪非常适合于工程建筑物内部的变形监测。

与其他测量工作相比，变形监测要求的精度高，典型精度是 1mm 或相对精度为 10^{-6}。确定变形监测的精度取决于变形的大小、速率、仪器和方法所能达到的实际精度，以及监测的目的等。一般来说，如果变形监测是为了使变形值不超过某一允许的数值，以确保建筑物的安全，则其监测的误差应小于允许变形值的 $1/10 \sim 1/20$；如果是为了研究变形的过程，则其误差应比该数值小得多，甚至应采用目前测量手段和仪器所能达到的最高精度。

变形监测的主要目的是了解变形体随时间变化的趋势和发展情况。依据变形监测的总体技术思想，针对监测内容及监测区的监测环境和条件，要求监测方法简单易行，点位布置安全、可靠，布局合理，突出重点，并能满足监测设计及精度要求，便于长期监测。

变形监测的频率取决于变形体变形的大小、速度以及观测的目的。变形监测频率应能反映变形体的变形规律，并可随单位时间内变形量的大小而定。当变形量较大时，应增大监测频率；当变形量减小或趋于稳定时，则可减小监测频率。变形监测方案直接影响到观测成本、成果精度和可靠性，一般内容有：相关工程资料的收集、监测内容的确定、监测方法与仪器的确定、施测部位和测点布置的确定、监测精度与周期（频率）的确定、监测工程组织与实施。

变形监测的设计依据主要有工程结构设计图或桩位布置图，工程地质勘察报告，降水、挖土方案或打桩流程图，工程建设场区的各种比例尺地形图，场区周边管线平面布置图，周边受影响区域内的拟保护对象的建筑结构图，地下主体结构的结构图，基坑支护结构和主体结构施工方案，最新监测元件和设备样本，国家现行有关规定、规范、合同协议等，结构类型相似或相近工程的经验资料等（要尽量多地收集相关资料，才能更好地设计变形监测方案）。

变形监测方案应根据监测对象安全稳定的主要指标进行设计，其中测点的布置应能够比较全面地反映监测对象的工作状态，按照国家现行有关规定与规范布设；测量方案尽量采用先进的监测技术，积极选用效率高、可靠性强的先进仪器和设备；各监测项目应能够相互校验，以利于变形分析；在满足监测性能和精度要求的前提下，力求降低监测成本；方案中临时监测项目和永久监测项目应相互衔接，尽量减少与工程施工的交叉影响。

通常，变形监测方案需要包括监测目的，工程概况，监测内容和测点数量，各类测点布置平面图，各类测点布置剖面图，监测周期、频率与精度的确定，监测仪器设备的选用，观测与数据处理方法，各类警戒值的确定，监测人员的配备，监测报告送达对象和时限，监测注意事项以及监测费用预算等内容。

3.1.1　变形监测方案的设计内容

每一项精密工程测量都会受到各自特点及精度要求、固有的外部环境条件、不同施工方法和技术力量等诸因素的限制。为顺利实现所要求的精度，必须对精密工程测量方案进行周详设计及论证。通常来讲，一项变形监测方案的设计应包括以下内容。

（1）收集各种有关的资料，深刻理解对精度要求的含义。

收集的资料主要有：各种现有测绘成果，勘测阶段资料，建筑区工程地质及水文地质成果，气象资料，各种设计资料和图纸，工程对精度要求的规定及指标等。要深入了解并掌握这些基本资料，特别是要理解精度的内涵。通常，每个工程的精度要求在设计阶段已由设计人员提出，测量人员对于这些众多的精度要求可适当地归类，确定实现这些精度要求的关键所在。在条件可能的情况下，本着费用和时间不显著增加的原则，应采用较高精度的方案。

对于关键部位的一些"特高"精度，必须理解其含义，这类精度与哪些部位有关？是相对于什么基准而言的？如果对这类精度不加区分，与整个建筑物的精度混为一谈，或以这种"特高"精度作为整个建筑物的所有精度，那么测量工作将难以开展。例如，在现代特大桥建设工程中，大跨径的斜拉桥或悬索桥的钢箱主梁安装要求是相对于桥轴线的误差不大于1.0mm。如果桥轴线的位置控制点在两端索塔处已经固定，则这种精度要求是不难实现的，需要解决的问题也仅限于在两个已知固定点之间的准直测量并保证误差不大于1.0mm。如果对此±1.0mm的精度要求不加分析，采用对大桥施工控制网的精度要求，此施工控制网点位中误差为±0.3mm，甚至更高。根据现有条件，在近20km²范围内，跨越宽阔的江面建立点位中误差±0.3mm的控制网几乎是不可能的。再如，混凝土大坝因进水、泄洪等需要，设有若干个闸门。为确保闸门的安全启闭，要求闸门与门槽间的误差不大于1.0mm。如果误认为这种精度为大坝施工中对坝轴线放样的要求，那么施工将十分困难、测放工作烦琐、工作量巨大且不易实施。事实上，这种精度要求应该是相对于闸室中心线而言的，一旦闸室中心线确定，要保证闸门与门槽的误差不大于1.0mm，是容易实现的。

因此，在进行精密工程测量时，测量人员应深入理解精度的含义，掌握工程的基本知识，与设计人员在精度的要求及解释上达成共识。这样，才能在精密工程测量方案的拟定中，提供切实可行的办法。

（2）找出关键问题及拟定处理方案。

工程中众多的精度要求是相互关联的，有一些精度属于整体性要求，有一些精度是关键部位所要求的。通常，整体性要求的精度相对较低，测量技术处理不是很困难，比较容易实施，不构成精密工程测量的难点。而关键部位要求的测量精度往往较高，利用常规的精密工程测量技术不易满足，因此，关键部位的精密测量尤为重要。

关键部位的精密测量方案必须经过详细论证。不仅要对拟采用的技术和方法进行论证，还要分析采用该方法时主要的误差来源，这些误差来源可能达到的量值，主要误差来源及克服措施。例如，在电视塔体滑模施工中，拟采用激光垂准仪进行定位。此时应考虑到塔体因太阳照射而产生的周日变化、风振的影响、塔体内各高程面的横向温度梯度对光线传输的偏折等。为有效减小这些误差的影响，采取的措施是在凌晨日出前完成各施工阶段的定位作业，这样能极大减小激光垂准测量所产生的误差。

（3）吸收成功经验。

有些工程建筑物的精密测量项目测量人员并不多见，甚至是首次接触，因此，测量人员可以借鉴国内外类似工程的成功经验。这样，测量人员不仅可少走弯路，克服闭门造车的弊端，还可取长补短，使技术得到进一步提高。

（4）能考虑以不同方法进行验证。

一些精密测量项目，需要高度的可靠性。以一种方法进行测量时，由于该方法的局限性，只能通过多余观测进行验证。但是，这种验证方法并不可靠。例如，测距仪的乘数没有发生变动，在测边独立网中，虽然观测成果较好而且也有一定数量的多余观测，但是整个网的比例误差会难于体现。

为提高精密测量的可靠性，重大工程某些关键性项目应采用不同的方法、仪器、人员检核。如南京长江第二大桥跨江高程传递时，两岸高程的一致性是确保大桥高质量建成的关键。因我国地表沉降的差异很大，导致20世纪70年代所建的水准系统难以应用。为此，测量人员拟定了以经纬仪倾角法过江高程闭合环和精密GPS水准测量两种方法进行高程传递，相互验证。两种方法均达到国家二等水准精度，结果一致，确保了大桥高程基准的可靠性。

（5）方案设计的基本步骤。

精密工程测量方案设计的基本步骤如下：

①对工程区的环境条件、工程及水文地质、气候的特点等进行详细的分析及描述，并分析总结这些条件对测量作业的影响。要全面完整地掌握该地区已有的测量资料，分析和评价这些资料的精度及利用价值。

②工程区基准的选择及确定。在详细进行精度分析和遵循有关"规范"条款的基础上，兼顾整个工程区建设的需要，提出控制方案和实施方法，以及对精度进行预估等。

③确定测量的关键精度所在，结合以往经验以及广泛吸收同类工程的成功经验，提出多个实施方案。实施方案应包括采用的仪器、测量的方法、关键技术问题的解决、预期精度的估计，以及不同方案的比较等。

④数据处理的方法。

⑤对方案可行性进行论证，预估工作量及经费等。

3.1.2 变形监测点的分类及相关要求

变形监测点是为了监测某一工程或建筑物的变形情况而设置的，变形监测点的分类及要求如下。

1. 地面变形监测点

地面变形监测点是指为了监测地面变形情况而设置的监测点。地面变形监测点的设置要求如下：

（1）明确监测的目的，如监测地面沉降、地裂缝、地面隆起等。

（2）监测点应均匀分布在监测区域内，以确保能够全面反映整个区域的变形情况。

（3）对于地质条件复杂、建筑物密集或有重要设施的区域，应增加监测点的密度。

（4）监测点的设置应根据具体的工程特点和实际变形特征进行，确保监测数据能够全面反映工程的实际变形情况。

（5）监测点应设置在稳定、不易受外界因素影响的位置，以保证监测数据的准确性。

2. 建筑物变形监测点

建筑物变形监测点是指为了监测建筑物变形情况而设置的监测点。建筑物变形监测点的设置要求如下：

（1）监测目的和内容。

①确定监测的目的，如监测建筑物的沉降、倾斜、裂缝等。

②明确监测的内容，包括但不限于沉降监测、水平位移监测、垂直度监测、倾斜监测等。

（2）监测点的设置。

①监测点应设置在建筑物的关键部位，如基础、柱基、墙体、楼板、屋顶等。

②监测点的设置应能反映建筑物的整体变形特征，同时考虑建筑物的结构特点和地质条件。

3. 桥梁变形监测点

桥梁变形监测点的设置是一个关键的工程任务，旨在确保桥梁的安全和稳定。桥梁变形监测点的设置要求如下：

（1）监测目的和内容。

①确定监测的目的，如监测桥梁的沉降、倾斜、位移、裂缝等。

②明确监测的内容，包括但不限于沉降监测、水平位移监测、垂直度监测、倾斜监测、挠度监测等。

(2) 监测点的设置。

①监测点应设置在桥梁的关键部位，如桥台、桥墩、支座、桥面、伸缩缝等。

②监测点的设置应能反映桥梁的整体变形特征，同时考虑桥梁的结构特点和地质条件。

4. 隧道变形监测点

隧道变形监测是确保隧道工程安全和稳定的重要环节。隧道变形监测点是指为了监测隧道变形情况而设置的监测点。隧道变形监测点的设置要求如下：

(1) 监测目的和内容。

①确定监测的目的，如监测隧道的沉降、位移、收敛、裂缝等。

②明确监测的内容，包括但不限于沉降监测、水平位移监测、收敛变形监测、裂缝监测等。

(2) 监测点的设置。

①监测点应设置在隧道的关键部位，如隧道入口、隧道出口、隧道中段、隧道支护结构、隧道衬砌等。

②监测点的设置应能反映隧道的整体变形特征，同时考虑隧道的结构特点和地质条件。

5. 水坝变形监测点

水坝变形监测是确保水坝安全运行的重要手段。水坝变形监测点的设置需要根据水坝的结构特点、地质条件、设计要求以及相关规范进行。水坝变形监测点的设置要求如下：

(1) 监测目的和内容。

①明确监测目的，如水坝的沉降、位移、裂缝、渗漏、应力应变等。

②确定监测内容，包括但不限于沉降监测、水平和垂直位移监测、裂缝监测、应力监测等。

(2) 监测点的设置。

①监测点应设置在水坝的关键部位，如坝顶、坝基、坝肩、坝体、排水系统等。

②监测点应能反映水坝的整体和局部变形特征。

6. 地铁变形监测点

地铁变形监测是确保地铁工程安全运行的重要环节。地铁变形监测点是指为了对地铁隧道、车站等结构进行定期监测，以检测可能存在的问题，确保地铁运行安全而设置的监测点。地铁变形监测点的设置要求如下：

(1) 监测目的和内容。

①确定监测的目的，如监测地铁隧道的沉降、位移、收敛、裂缝等。

②明确监测的内容，包括但不限于沉降监测、水平和垂直位移监测、收敛变形监测、裂缝监测等。

（2）监测点的设置。

①监测点应设置在地铁隧道的关键部位，如隧道入口、隧道出口、隧道中段、隧道支护结构、隧道衬砌等。

②监测点的设置应能反映地铁隧道的整体变形特征，同时考虑地铁隧道的结构特点和地质条件。

3.2 控制网的特点与设计

3.2.1 控制网简介及特点

控制网是为工程建设施工而布设的测量控制网，它的作用是控制该施工区域的三维位置（平面位置和高程）。测量控制网由地面上一系列的点（称为控制点）构成，控制点之间由边长、方向、高差或 GNSS 基线等观测量连接并形成网络结构。控制点的空间位置可通过已知点的坐标及点之间的连接关系，按一定方法计算得到。控制网是施工放样、工程竣工、建筑物沉降观测，以及将来建筑物改建、扩建的依据。控制网的特点、精度、布设原则以及布设形式都必须满足施工的要求和标准。

精密工程控制网是为精密工程测量服务的控制网络，应在工程勘探设计阶段完成。精密工程控制网与常规的控制网相比，具有以下特点：

（1）控制网的大小、形状、点位分布与工程的大小、形状相适应，边长不要求相等或接近，应根据工程需要进行设计；点位布设要考虑工程施工放样和监测的便利。

（2）控制网的投影面应满足"控制点坐标反算的两点间长度与实地两点间长度之差应尽可能小"。如隧道施工控制网应投影到隧道贯通平面上，核电站施工控制网应投影到平均高程面上。

（3）坐标系应采用独立的坐标系，其坐标线应平行或垂直于精密工程的主轴线。主轴线通常由运输干线或主厂房的轴线所决定。

（4）不要求控制网的精度绝对均匀，但要保证某一方向、某几个点的相对精度较高。例如，强聚焦粒子加速器建设过程中，为了使高速飞行的粒子束不在真空管壁陷落或磁撞，要求磁铁安装的相对误差不得超过 $0.1 \sim 0.2 \text{mm}$。隧道施工控制网的精度要保证隧道横向贯通的准确性。

精密工程控制网控制点的布设受到工程规模、特点、环境条件和施工方法等多因素的影响，布设时应遵循以下原则：

（1）布设控制点时要稳定可靠，防止受工程建设的影响，以及高电压、强磁场的干扰。

（2）每一个控制点至少能与一个以上的控制点通视，以便在使用过程中进行定向或检核。

（3）设置强制归心装置，可减少对中误差的影响。

（4）为了保证控制网的精度，应充分利用高精度的测量仪器，采用现代化的观测技术和先进的数据处理方法。

（5）在选择控制网控制点位时，应重点考虑工程的实际需要，不必考虑控制网中的边长长短和角度大小。

3.2.2　控制网的分类

测量控制网可分为四大类：全球测量控制网、国家测量控制网、城市测量控制网和工程测量控制网。工程测量控制网按网点性质可分为一维网、二维网和三维网，按网形可分为三角网、导线网、混合网、方格网，按施测方法可分为测角网、测边网、边角网、GNSS 网，按基准可分为约束网、经典自由网、自由网，按坐标系可分为附合网、独立网，按其他标准可分为首级网、加密网、特殊网、专用网（如隧道控制网、建筑方格网、桥梁控制网等）。

控制网还可以进一步划分为测图控制网、施工控制网与变形监测网。

（1）测图控制网。

测图控制网是为测图服务的控制网。为工程建设建立的测图控制网大多为地面大比例尺数字地形图测绘提供服务，其主要作用是保证图上精度均匀、相邻图幅正确拼接和控制测量误差的累积。测图控制网一般采用两级布设方案，以 GNSS 技术布网为主，再用导线或实时动态差分技术（RTK，Real Time Kinematic）作图根加密。测图平面控制网的精度应能满足 1：500 比例尺测图精度要求；测图高程控制网通常采用水准测量或电磁波测距三角高程的方法建立。测图控制网的控制范围较大，点位分布应尽量均匀，点位选择取决于地形的条件。

（2）施工控制网。

为工程施工建设服务的测量控制网称为施工控制网，它的作用在于为施工放样、施工期的变形测量、施工监理测量和竣工测量等提供统一的坐标系和基准。施工平面控制网和高程控制网通常单独布设。施工控制网有控制范围较小、点位密度大、精度要求高、点位使用频繁、受施工干扰大等特点。

（3）变形监测网。

为工程安全而布设的控制网称为变形监测网。对于平面变形监测网来说，其由参考点、工作基点和目标点组成。参考点位于变形体外，是变形监测网的基准，应保持稳定不变；工作基点离变形体较近（甚至在变形体上），用于观测目标点；目标点位于变形体上，能反映变形体的变形特征。变形监测网一般采用基于监测体的坐标系统，该坐标系统的坐标轴与监测体的主轴线平行（或垂直），可通过目标点的坐标变化来反映变形情况。为保证监测精度，变形监测网必须进行周期性观测且采用相同的观测方案，包括相同的网型、网点，相同的观测仪器和方法，相同的数据处理软件和方法。如果中间要改变观测方案（如仪器、网型、精度等），则须在该观测周期同时采用两种方案进行观测，以确定两种方案间的差别，便于对观测数据进行处理。

变形监测网通常由三种点（基准点、工作基点、变形监测点）、二种等级的网（基准网、次级网）组成。基准点通常埋设在影响范围之外，而工作基点是基准点和变形监测点之间的联系点，它们相互联系构成基准网。基准网复测间隔时间较长，常用来测量工作基点相对于基准点的变形量，这一变形量一般来说较小。工作基点与变形观测点之间要有方便的联测条件，以组成次级网。次级网复测时间间隔短，常用来测量建筑物上监测点相对于工作基点的变形量。变形监测点直接埋在建筑物上和建筑物一起移动，用它们的坐标变化来反映建筑物空间位置的变化。

变形监测网坐标系和基准的选取应遵循以下原则：

变形体的范围较大且形状不规则时，可选择已有的大地坐标系统，优点是已知系统的归化和投影改正公式。将监测网与已有的大地网联测或将大地控制网点直接作为参考点的方法可实现坐标系及基准的确定。因为一维网、二维网和三维网的秩亏数分别是1、3 和 6（测边时），故在理论上一维网只需一个已知点，二、三维网只需两个已知点。由于变形监测网的精度有时还高于国家大地控制网的精度，与大地网点连接时，应采用无强制的连接方法，即只固定一个点，二、三维再固定一个定向方向。

根据网点的布置、坐标系、基准及目标点的精度要求对变形监测网进行优化设计，优化设计包括增减观测值、修改测量方案、改变观测值精度等。

对变形监测网进行重复观测，要求每一期的观测方案保持不变，这样可以消除周期观测中存在的系统误差。如果中途要改变观测方案，如仪器、网型、精度等，须在该观测周期同时采用两种方案进行观测，以确定两种方案间的差别，便于对周期观测数据进行处理。

3.2.3 控制网布设的原则

控制网的布设是测绘工程中的一个重要环节，它主要用于提供精确的空间位置信息。控制网的布设需要遵循一定的原则，以确保测量结果的准确、可靠。以下是控制网布设的主要原则：

（1）稳定性。选择控制点时应考虑其长期稳定性和不易受外界因素影响，如布设在建筑物基础、岩石等稳定的地物上。

（2）均匀性。控制点的数量要足够多，在测区点位分布尽量均匀，以便于对整个区域进行有效的控制。

（3）可通视性。控制点之间应尽可能保持直线可视，减少遮挡，便于使用光学或电子仪器进行测量。

（4）分级布设。根据测量任务的要求和测区的具体情况，控制网通常分为若干等级，由高级向低级逐级加密。

（5）经济性。在满足精度要求的前提下，合理规划控制网点的位置和数量，以降低成本。

（6）安全性。控制点的选择和设立不应危及人身安全，同时也要考虑保护控制点本身，避免遭受破坏。

（7）适应性。控制网的设计和布设要考虑到未来可能的变化和发展，如城市扩展、地形改变等。

3.3 控制基准及稳定性分析

随着经济的发展，地下空间的开发变得日益普遍，同时地上建筑的建设也在迅速推进。为保护周边监测环境并确保周围建筑物与地下构筑物的安全，控制基准问题逐渐受到行业和学者的广泛关注。不同类型的建筑物具有不同的结构强度和安全标准，它们抵抗地层或变形的能力也有所不同。因此，应根据实际工程及其周边环境的特点制定相应的建筑物沉降控制基准与保护等级。我国将建筑物的沉降值作为控制基准，但实践表明，建筑物的沉降值并不能准确代表实际形变，由于不同部位、不同工程的沉降值存在差异，以此作为控制基准会增加工程的复杂性与成本。由此可见，在测量过程中测量基准是非常重要的。测量基准可以概括为由测量坐标系和参考点组成，如地球的地心坐标系和参考坐标系、国家大地坐标系、城市坐标系、工程坐标系和重力参考系统等。

控制网的基准就是网平差求解未知点坐标时给出的已知点数据，对控制网的位置、大小和方向进行约束，使平差有唯一解。如果控制网的基准不足，平差时，法方程系数矩阵将会出现秩亏，这时需要求某一特解；如果控制网的基准过多，则需要考虑基准间是否相容的问题。控制网的基准分三种类型：

（1）约束网，具有多余的已知数据。

（2）最小约束网，也称经典自由网，只有必要的已知数据。

（3）自由网，也称无约束网，没有已知数据，全部网点都是未知点。

控制基准的选择至关重要，监测控制基准的值是对整个工程开展监测的基础条件，是为获取被监测对象最大限度允许的沉降变形量。监测控制基准值应当贯穿工程始终，并且应在监测工程开始前由建设、设计、监理、施工等多方共同确定监测方案。控制基准的监测标准值应根据不同工程、不同部位、不同材料的强度要求而变化，通常应当小于或等于设计值，以此保证被监测对象的正常运行与安全。监测方案的设计应综合周边环境，如已存在的地下工程、管线等确定。监测控制基准的确定应具有工程施工可行性，在满足安全要求的前提下尽量降低成本、提高施工速度。此外，监测控制基准的值应当满足国家现行的规范，若为国内较少存在的工程类型，可以参考国外对此类工程的现行标准。

在城市中，地表沉降往往会造成较大的危害，主要表现在地表建筑倾斜过大及地下管线的变形、断裂等。因此，应综合考虑地表建筑物、地下管线及地层和结构稳定性等因素，分别确定其允许的地表沉降值，并取其中最小值作为控制基准值。由于地下工程施工会引起地层的不均匀沉降，极易引发地上建筑物倾斜，因此控制基准的值可以作为判断建筑物安全状态的重要指标。

从保护地下管线安全的角度出发，控制基准的值应当小于管线在地层中允许的最大的变形值。监测控制基准点是为了确保多期变形监测的一致性，并建立可靠基准作为精准监测的保障。复测控制基准点的目的是检验基准点的稳定性和可靠性，由于自然环境的变化及人为破坏等原因，部分点位可能发生变化。为验证控制基准的稳定性，确保每期变形测量成果的可靠性，每期进行变形监测前，应先检测控制基准点，当检测结果存疑时，应立即对其进行复测。对控制基准点进行定期复测，复测时间间隔需根据控制基准周边环境变动程度与控制基准稳定程度等因素确定。在实际监测工程中，大多数变形监测可能存在控制基准点数量不够的情况，可以在观测条件允许的情况下，对控制基准点进行每期监测。进行基准点测量及基准点与工作基点之间联测的目的是对基准点的稳定性做检查分析，并为测定监测点提供支持。对于四等变形测量，由于规范规定的精度要求较低，此时基准点测量及基准点与工作基点之间联测的精度要求应提高一个等级（即采用三等精度），这样的精度要求在实际作业中也不难实现。对于特等、一等、二等、三等变形测量，采用不低于所选沉降或位移监测的精度等级即可。

监测控制基准的步骤可以概括为以下几步：

（1）采用自由平差法对控制基准网进行平差，计算各基准点的坐标变化量。

（2）根据相应的判定方法检验基准点的稳定性。将已获取到的基准点坐标作为平差计算的基点，从而计算出工作基点以及变形监测点坐标。理论上讲，基准点在后期的检测过程中会发生移动，如果此时将移动量较大的点作为已知点计算工作基点和变形监测点坐标，所得的结论必然会出现较大的误差或错误。为消除这一影响，需采用相同仪器以及相同的精度，根据控制基准网的后验单位权中误差与前验单位权中误差进行对比，从而判断基准点的存在性；若存在，则可根据"后验单位权方差组合检验法"确定发生的明显形变。

3.3.1 平均间隙法

平均间隙法（Hanover 法）由德国汉诺威大学（Universität Hannover）教授 H. Pelzer 和 W. Niemeir 于 1971 年提出，该方法分为整体检验和局部检验，利用统计检验理论对点位稳定性进行分析。其中，整体检验用来判断监测网点中是否有动点，而局部检验是复核整体检验结果以便找出动点。平均间隙法主要采用假设检验的方法判断基准点的稳定性，即在两次观测周期期间，获取监测网中各点的坐标值，并判断其在观测期间是否移动；若网内基准点坐标均存在变化，此时可以将两期观测视为对同一控制网进行的连续两次观测，由这两次观测资料所求得的两组基准点坐标可以看成一组双观测值，即可计算观测值的单位权方差估值 θ^2。两期观测精度相同时，可计算联合单位权方差 μ^2。由于高差观测值的改正数和高程平差值之间是独立的，构造服从 F 分布的统计量来检验 θ^2 和 μ^2 的一致性。若一致性成立，说明监测网点未发生位移；否则，存在动点，应采用分块检验法寻找不稳定点。也可以对两周期图形进行一致性检验（或叫整体检验），如果通过检验，则所有参考点是稳定的；否则，就要找出不稳定点。寻找不稳定点的方法是"尝试法"，即依次去掉一个点，计算图形不一致性减少的程度。图形不一致性减少最大的点视为不稳定点。排除不稳定点后，再重复上述过程，直到图形一致性（指去掉不稳定点后的图形）通过检验为止。

整体检验通过选取两期数据进行稳定性检验，两期观测成果均采用秩亏网平差求得，由平差改正数计算单位权方差估值：

$$\mu_i^2 = \frac{(\boldsymbol{V}^{\mathrm{T}}\boldsymbol{P}\boldsymbol{V})^i}{f_i} \tag{3-1}$$

$$\mu_j^2 = \frac{(\boldsymbol{V}^{\mathrm{T}}\boldsymbol{P}\boldsymbol{V})^j}{f_j} \tag{3-2}$$

式中：i，j——不同两期的观测成果；

$\boldsymbol{V}$——平差参数改正数；

$\boldsymbol{P}$——平差参数的权阵。

两期观测整体稳定性检验方法如下：

将 μ_i^2 和 μ_j^2 联合，求一个共同的单位权方差估值，即：

$$\mu^2 = \frac{(\boldsymbol{V}^{\mathrm{T}}\boldsymbol{P}\boldsymbol{V})^i + (\boldsymbol{V}^{\mathrm{T}}\boldsymbol{P}\boldsymbol{V})^j}{f} \tag{3-3}$$

式中：$f = f_i + f_j$，若两期观测期间点位未发生变动，则可从两个周期所求得的高程差 ΔX 计算另一方差估值：

$$\theta^2 = \frac{\Delta \boldsymbol{X}^{\mathrm{T}} \boldsymbol{P}_{\Delta x} \Delta \boldsymbol{X}}{f_{\Delta x}} \tag{3-4}$$

式中：$\boldsymbol{P}_{\Delta x} = \boldsymbol{Q}_{\Delta x}^+ = (\boldsymbol{Q}_{x_i} + \boldsymbol{Q}_{x_j})^+$，$f_{\Delta x}$ 为独立的位移量 Δx 个数。$\boldsymbol{Q}_{\Delta x}^+$ 是 $\boldsymbol{Q}_{\Delta x}$ 的广义逆。

利用 F 检验法，可以构造统计量：

$$F = \frac{\theta^2}{\mu^2} \tag{3-5}$$

在原假设 H_0 下，统计量 F 服从自由度为 $f_{\Delta x}$、f 的 F 分布，则有：

$$P(F > F_{1-\alpha}(f_{\Delta x}, f) \mid H_0) = \alpha \tag{3-6}$$

根据上式检验点是否有变动，置信水平 α 通常取 0.05 或 0.01，由 α 与自由度 $f_{\Delta x}$，f 可计算分位值 $F_{1-\alpha}(f_{\Delta x}, f)$。当统计量 $F \leqslant |F_{1-\alpha}(f_{\Delta x}, f)|$ 时，则表明原假设成立，认为监测点是稳定的。反之，原假设不成立，认为监测点不稳定，需确定不稳定点的具体点位。

采用分块法搜索不稳定点的具体点位，该方法是将监测网点划分稳定点（F组）和不稳定点（M组）两个部分。由于稳定点组和不稳定点组是假设的，故 F 组中仍可能存在不稳定的点。为了证明 F 组的点都是稳定点，需对网中的所有点进行整体检验。

将 F 组和 M 组排序并分块为

$$\Delta \boldsymbol{X}^{\mathrm{T}} = (\Delta \boldsymbol{X}_{\mathrm{F}}^{\mathrm{T}} : \Delta \boldsymbol{X}_{\mathrm{M}}^{\mathrm{T}}) \tag{3-7}$$

$$\boldsymbol{P}_{\Delta x} = \begin{bmatrix} \boldsymbol{P}_{\mathrm{FF}} & \boldsymbol{P}_{\mathrm{FM}} \\ \boldsymbol{P}_{\mathrm{MF}} & \boldsymbol{P}_{\mathrm{MM}} \end{bmatrix} \tag{3-8}$$

由于 $\Delta \boldsymbol{X}_{\mathrm{F}}$ 与 $\Delta \boldsymbol{X}_{\mathrm{M}}$ 相关，即 $\boldsymbol{P}_{\mathrm{FM}} = \boldsymbol{P}_{\mathrm{MF}} \neq \boldsymbol{0}$，它受不稳定点组的影响，$\Delta \boldsymbol{X}^{\mathrm{T}} \boldsymbol{P}_{\Delta x} \Delta \boldsymbol{X}$ 反映稳定点组的图形一致性，为计算稳定点组的整体检验指标，采用公式变换如下：

$$\Delta \bar{X}_{\mathrm{M}} = \Delta X_{\mathrm{M}} + P_{\mathrm{MM}}^{-1} \, P_{\mathrm{MF}} \, \Delta X_{\mathrm{F}} \tag{3-9}$$

$$\bar{P}_{\mathrm{FF}} = P_{\mathrm{FF}} - P_{\mathrm{FM}} \, P_{\mathrm{MM}}^{-1} \, P_{\mathrm{MF}} \tag{3-10}$$

可得二次型：

$$\Delta X^{\mathrm{T}} P_{\Delta X} = \Delta X_{\mathrm{F}} \, \bar{P}_{\mathrm{FF}} \Delta X_{\mathrm{F}} + \Delta \bar{X}_{\mathrm{M}} \, P_{\mathrm{MM}} \, \Delta \bar{X}_{\mathrm{M}} \tag{3-11}$$

式（3-9）和式（3-10）将 $\triangle X^{\mathrm{T}} P_{\Delta X} \Delta x$，分为两项，前一项为 F 组点的图形一致性。令

$$\theta_{\mathrm{F}}^2 = \frac{\Delta X_{\mathrm{F}}^{\mathrm{T}} \, P_{\mathrm{FF}} \Delta X_{\mathrm{F}}}{f_{\mathrm{F}}} \tag{3-12}$$

即可构成 F 组点的稳定性检验统计量：

$$F_1 = \frac{\theta^2}{\mu^2}, H_0 : F_2(f_{\mathrm{F}}, f_1 + f_2) \tag{3-13}$$

若 $F_1 < F_2(f_{\mathrm{F}}, f_1 + f_2)$，则 F 组的点都是稳定的；若 $F_1 > F_2(f_{\mathrm{F}}, f_1 + f_2)$，则 F 组中含有不稳定点。若通过整体检验发现监测网中存在不稳定点，但不能确定不稳定点的数量时，可采用逐一搜索法，搜索出全网所有的不稳定点。

检验流程如下：

（1）设监测网共有 t 个点，将全部点分为两组，点 i 作为不稳定点，其余点全部假设为稳定点。这两组点分别为 F_i 组和 M_i 组：

F_i 组：$1, 2, \cdots, i-1, i+1, \cdots, t$。

M_i 组：i。

（2）依次计算网中 t 个点的 $\Delta \bar{X}_{\mathrm{M}_i}^{\mathrm{T}} P_{\mathrm{M}_i \mathrm{M}_i} \Delta \bar{X}_{\mathrm{M}_i}$，将该值作为判断点的稳定性判断依据，即按式（3-12）计算其最大值，其对应的点号就是不稳定点 j。

$$\Delta \bar{X}_{\mathrm{M}_i}^{\mathrm{T}} \, P_{\mathrm{M}_i \mathrm{M}_i} \Delta X_{\mathrm{M}_i} = \max(\Delta \bar{X}_{\mathrm{M}_i}^{\mathrm{T}} \, P_{\mathrm{M}_i \mathrm{M}_i} \Delta \bar{X}_{\mathrm{M}_i}) \tag{3-14}$$

式中：$i = 1, 2, \cdots, t$。

（3）在搜索到不稳定点 j 后，再对剩余的点进行整体检验，若仍存在不稳定点，则继续搜索下一个不稳定点。

（4）从剩余的 $t-1$ 个点中找一个点 i 与已找出的不稳定点 j 构成不稳定点组，其他点构成稳定点组，即

F_i 组：$1, 2, \cdots, i-1, i+1, \cdots, j-1, j+1, \cdots, t$。

M_i 组：i, j。

（5）依次计算 $t-1$ 个 $\Delta \bar{X}_{\mathrm{M}_{ij}}^{\mathrm{T}} P_{\mathrm{M}_{ij} \mathrm{M}_{ij}} \Delta \bar{X}_{\mathrm{M}_{ij}}$，按式（3-13）计算其最大值对应的点号，即为第二个不稳定点。然后再对剩余的 $t-2$ 个点进行整体检验。如此重复，直至剩下的点均为稳定点为止。

$$\Delta \bar{X}_{\mathrm{M}_{ij}}^{\mathrm{T}} \, P_{\mathrm{M}_{ij} \mathrm{M}_{ij}} \Delta X_{\mathrm{M}_{ij}} = \max(\Delta \bar{X}_{\mathrm{M}_{ij}}^{\mathrm{T}} \, P_{\mathrm{M}_{ij} \mathrm{M}_{ij}} \Delta \bar{X}_{\mathrm{M}_{ij}}) \tag{3-15}$$

式中：$i = 1, 2, \cdots, j-1, j+1, \cdots, t$。平均间隙法需要保持两期监测数据的基准统一，是目前应用最广泛的稳定性分析方法。

3.3.2　组合后验方差检验法

张正禄教授提出了组合后验方差检验法，以此寻找控制网内稳定的基准点，该方法

主要采用不同的组合方法组合基准点，并对后验单位权方差构成统计量进行χ^2检验，当统计量大于给定的分位值时，若零假设（基准点未显著变动）不成立，可得到显著变动的基准点。应注意的是，当选择两个基准点组合时，两个点不能相距太近。对所有的组合数逐一进行检验，直到检验通过。

χ^2检验的原假设和备选假设为：

$$H_0:E(\hat{\sigma}_0^2)=\sigma_0^2$$
$$H_1:E(\hat{\sigma}_0^2)\geqslant\sigma_0^2 \tag{3-16}$$

式中：$\hat{\sigma}_0^2$——后验单位权方差；

σ_0^2——先验单位权方差。

构造统计量：

$$T=\frac{f\hat{\sigma}_0^2}{\sigma_0^2}\sim\chi_{f,1-\alpha}^2 \tag{3-17}$$

式中：f——多余观测数，采用单笔检验（自由度）；

α——显著水平，一般取 0.05，当 $T>\chi_{f,1-\alpha}^2$ 时，备选假设成立，表明该基准点组合中包含有发生显著位移的点。

基准点发生显著性变动可以采用以下量度指标：设基准网的最弱点中误差为m_p，当基准点的坐标变动量大于$k\times m_p$时，可认为该点发生了显著性变动，k根据监测网的精度等级越高，取值越精密原则，m_p的计算分两种情况：

(1) 当基准网的多余观测数较多，如大于等于 10 时，用后验单位权中误差计算；

(2) 否则用先验单位权中误差计算。组合后验方差检验法的计算步骤如下：

根据基准点数进行基准点组合，如有 m 个基准点，则可取 $m,m-1,m-2,\cdots,m-k$ 个基准点的组合，但 $m-k$ 不能小于 2。当 $m-k$ 等于 2 时，所选的点不能相距太近。按组合计算公式：

$$C_n^r=\frac{n!}{r!(n-r)!} \tag{3-18}$$

可得基准点为定值时的组合个数，对每一组合作后验方差检验，若零假设不成立，可得到显著变动的基准点，剔除统计量最大（即变动最大的基准点），对余下的基准点再作与前述相同的迭代计算，直到检验通过或只有两个基准点为止。

使用组合后验方差检验法检验基准点有快捷、灵敏、方便等特点。但需要特别指出的是，此方法只适用于已知基准点大于或等于 2 个的情况，当已知基准点小于 2 个时，可采用自由网平差等方法。

3.4　控制网的优化设计及质量评估

3.4.1　控制网的优化设计

控制网的优化设计方法有解析法和模拟法两种。根据最优化理论与实用的要求，一个最优化的控制网，必须满足以下要求：

（1）精确性。控制网中各元素达到或高于预定的精度，如相对于基准的绝对精度、点位之间的相对精度，以及边长和方位角的精度等。

（2）可靠性。控制网中具有一定数量的多余观测，网形结构为几何图形，具有较高的自检校功能，以避免粗差的出现和影响。

（3）经济性。用最少时间、人力和物力实现对控制网精确性和可靠性的要求，所设计的控制网有较高的经济效益。

（4）可检测性。对变形观测网而言，应具有检测变形量大小的能力，即检测的灵敏度要高。同时，控制网在重复观测中能以比较高的显著性进行各种假设检测。

1.　解析法

解析法是将各种设计标准（精度标准、费用标准、可靠性等）以数学方式表达为目标函数和若干约束条件，然后解出使目标函数值为极值的设计参数，得到最优设计。现以网形优化设计中确定网点的最优位置为例，来说明解析法的优化思路。

解析法优化的基本原理可以表述为

$$\min f(x), x \in E^n \tag{3-19}$$
$$\text{s. t. } g_i(x) \geqslant 0, i = 1, 2, \cdots, m \tag{3-20}$$
$$h_i(x) = 0, j = 1, 2, \cdots, k(k < n) \tag{3-21}$$

求解后可表示为

$$\begin{cases} f(x^*) = \min f(x) \\ \text{s. t. } g(x^*) \geqslant 0 \\ h(x^*) = 0 \end{cases} \tag{3-22}$$

解析法的本质是将问题划分为静态问题与动态问题进行优化，而静态问题又可以根据有无约束条件层层优化，以达到最优化问题的目的。解析法优化流程如图 3.1 所示。

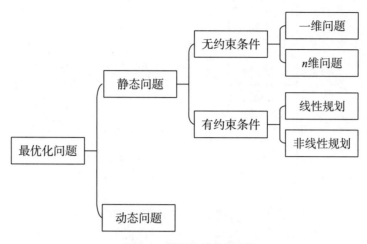

图 3.1　解析法优化流程

解析法优化需要以不同问题导向设置不同的目标函数与约束条件。例如，对于一维网，可以将高程精度作为目标函数 $\psi_1 \mid \Sigma_{xx} \mid = \sigma_{xi}^2 \rightarrow \min$；对于二维网，可将 Σ_{xx} 的迹最小作为目标函数，即 $\psi_2 \mid \Sigma_{xx} \mid = \operatorname{tr}(\Sigma_{xx}) \rightarrow \min$，用准则矩阵 $\boldsymbol{C}_{xx}$ 来表示对控制网的要求时，目标函数可表达为 $\psi_3 \{\Sigma_{xx}, \boldsymbol{C}_{xx}\} = \dfrac{\boldsymbol{F}^{\mathrm{T}} \sum\limits_{xx}^{i} F}{\boldsymbol{F}^{\mathrm{T}} \boldsymbol{C}_{xx}^{i} \boldsymbol{F}} < 1, \forall \boldsymbol{F}$。

2. 模拟法

模拟法又称机助法，对于初步确定的网形与观测精度，模拟一组起始数据与观测值输入计算机，按间接平差组成观测值方程和法方程、求逆进而得到未知数的协因子阵，再计算未知参数及其函数的精度，估算成本。抑或进一步计算观测值的可靠性、敏感度等信息，与预定的精度要求、成本约束、可靠性约束相比较，根据计算所提供的信息与设计者的经验，对控制网的基准、网形、观测精度等进行修正，然后重复上述计算，必要时再进行修正，直到获得符合各项设计要求的设计方案。

机助法的优点是设计程序易于编制，优化过程可利用作业人员已有的经验随时进行人工干预。计算结果可用计算机或绘图仪输出和显示，进行人机对话，使设计过程更高效。其缺点是较费机时且计算量较大，所得结果相对解析法而言，在严格的数学意义上可能并非最优解，但从实用角度来说，机助法设计具有更大的优越性。机助法设计适用于除零类设计以外的各类设计。

机助法优化设计的基本原理：对一个根据经验设计的初始控制网，利用平差模型和控制网的分析模型，对各项质量指标进行评估。若质量指标未达到设计要求，则根据分析结果用人机对话的形式适当改变原设计方案，再进行分析评估。如此多次修改，直到各项指标都满足设计要求，让设计者感到满意为止。

按照机助法的过程来看，一个机助设计系统大体可分为 6 个部分，即初始方案、数学模型、终端显示、人机对话、调整方案和成果输出。机助法优化设计流程如图 3.2 所示。

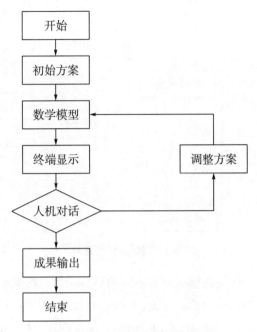

图 3.2　机助法优化设计流程

（1）初始方案。

机助法优化设计首先必须确定一个初始方案，它是由网点的位置，点与点之间的关联关系，观测值的数目、类型和精度，网的类型和基准等因素所确定的。初始方案通常由设计人员在设计图纸上根据自己的实践经验和对控制网所提出的基本要求初步拟定。

（2）数学模型。

数学模型部分由多个具有不同功能的程序模块组成，它能对该设计方案进行各种处理，如各个量的秩序排列和编号、比较大小以及各种数值计算。数学模型能根据设计要求，求出各种反映该方案质量好坏的性能指标，以便设计者了解该方案是否满足设计要求、质量是过高或过低等。同时，数学模型能帮助设计者优化方案。数学模型直接反映了机助设计系统的功能大小和设计的效果。所以，该部分是机助设计系统的核心。

（3）终端显示和人机对话。

终端显示和人机对话是两个密切相关的部分，终端显示的内容和方式会受到人机对话部分的控制，所显示的信息又为人机对话服务。它们的基本功能：借助计算机的屏幕显示功能，用字符、数字和图形等方式将所设计的方案的有关信息在屏幕上直观地显示出来，如控制网的图形和各种质量分析图，以及有关的注记说明。通过屏幕上显示的信息，设计者可以直观地了解方案的各种性质和指标。通过人机对话，设计者可以选择显示的内容，同时告诉计算机对所设计的方案是否满意，等等。

（4）调整方案。

机助法优化设计可以不断地对设计方案进行调整。当需要对设计方案进行修改时，人机对话会通过一系列提示，询问设计者想修改什么，在什么地方修改和如何修改等，并且引导设计者将拟定好的修改方案准确无误地传递给计算机。方案调整后，设计者还可对某些量进行处理，必要时还要对某些量的秩序作重排处理，进而形成一个新的设计方案，以便让数学模型部分进行加工整理（在人机对话有修改的前提下会返回数学模型进行重排）。

（5）成果输出。

机助法优化设计完成之后，便得到了一个更加合理的优化方案，这时可按照一定的方式，将优化设计的成果信息或数据整理成表格或绘制成图形，通过输出终端打印出来，使用户对设计结果一目了然。必要时还可打印一份技术设计报告，作为交给用户的设计说明书。

机助法优化设计过程可以概括为以下几点：

（1）提出设计任务，得到经过实地踏勘的控制网图。

（2）从一个认为可行的起始方案出发，用模拟的观测值进行网平差，计算出各种精度和可靠性值。

（3）对成果进行分析，找出控制网的薄弱部分，修改观测方案。某些情况下，对于是否增加新点和新的观测方向，还要结合实地踏勘来确定。

（4）对修改的控制网作模拟计算、分析、修改，如此重复进行。

比较两种优化设计方法可知：解析法的优点是所需机时较少，理论上比较严密，其最终结果是严格最优的。它的缺点是优化设计问题的数学模型比较复杂，有时难以建立，最终的结果有时是理想化的，在实际中实施起来比较困难或者不可行。如网形的不合理，过大的观测权和负权的出现等。

与解析法比较，机助法具有如下优点：

（1）适应性广，可用于除零阶段设计问题外的任何一阶段设计，特别是Ⅰ类、Ⅱ类和各种混合的设计问题。

（2）由于设计过程中融入了设计者的知识和经验，使最终结果一定是切实可行的。

（3）计算模型简单，可直接利用平差模型和分析模型。一般无须建立优化设计的数学模型，有利于一般人员掌握和在生产单位中的推广使用。

机助法的缺点是所需的机时一般较多，最终结果相对于解析法而言，在严格的数学意义上可能并非最优解，只是一种近似最优解，但是这种差别在实际应用上并不重要。从数学的角度来看，对一个实际问题进行优化设计，一般需要经过如下步骤：①分析实际问题，结合各种设计要求，建立优化设计问题的数学模型；②选择适当的求解方法，编制计算机程序，在计算机上进行求解；③分析解算结果的合理性、可行性，并对成果进行评价。

由于机助法优化设计具有操作灵活方便、设计结果合理、易于控制等特点，因而受到测量人员的重视和广泛应用。

3.4.2 控制网质量评估指标

以什么标准来衡量控制网的质量好坏，不仅取决于工程的性质和要求，还取决于标准制定得是否合理。因此，标准的制定对控制网的优化设计非常重要。而这个标准就是控制网质量准则（quality criterion of control network），亦称控制网质量指标或质量标准，是控制网优化设计的依据和目标，主要包括精度准则、可靠性准则、灵敏度准则和费用准则。

1. 控制网质量准则

（1）精度准则。

精度是指误差分布的密集或离散程度，常用方差或均方根差来描述。控制网的精度准则主要分为总体精度、点位精度、相对点位精度、未知数函数精度等。对于一般控制网，均可以用高斯—马尔科夫模型来描述：

$$E(L) = AX \qquad (3-23)$$

$$D_{n,n} = \sigma^2 Q_{nn} = \sigma_0^2 P_{nn}^{-1} \qquad (3-24)$$

经最小二乘法平差后：

$$\hat{X} = (A^\mathrm{T}PA)^{-1}A^\mathrm{T}PL \qquad (3-25)$$

$$D_{XX} = \sigma_0^2 Q_{XX} = \sigma_0^2 (A^\mathrm{T}PA)^{-1} \qquad (3-26)$$

①总体精度用于评价控制网的总体质量。因为精度矩阵 D_{XX} 是一非负定阵，其特征值也必非负，按大小排列为：

$$\lambda_1 \geqslant \lambda_2 \geqslant \cdots \geqslant \lambda_t \geqslant 0 \qquad (3-27)$$

常采用如下标准：

A 最优：
$$\mathrm{tr}(D_{XX}) \to \min \qquad (3-28)$$
$$\mathrm{tr}(D_{XX}) = \lambda_1 + \lambda_2 + \cdots + \lambda_t \qquad (3-29)$$

D 最优：
$$|D_{XX}| = \lambda_1 \cdot \lambda_2 \cdots \lambda_t \to \min \qquad (3-30)$$

E 最优：
$$\lambda_{\max}(D_{XX}) \to \min \qquad (3-31)$$

F 最优：
$$\lambda_{\max}(D_{XX}) - \lambda_{\min}(D_{XX}) \to \min \qquad (3-32)$$

②控制网中某一个元素的精度称为网的局部精度。局部精度均可以看成未知参数的某个线性函数 $\varphi = f^T \hat{X}$ 的精度，当 f 取不同形式，我们可以得到单个坐标未知数的精度：

$$m_{x_i} = \sigma_0 \sqrt{Q_{x_i x_i}} \ m_{y_i} = \sigma_0 \sqrt{Q_{y_i y_i}} \qquad (3-33)$$

点位精度：
$$m_i = \sigma_0 \sqrt{Q_{x_i x_i} + Q_{y_i y_i}} \qquad (3-34)$$

点位误差椭圆元素：

$$E_1^2 = \frac{\sigma_0^2}{2}(Q_{x a_i} + Q_{y_i y_i} + K_i) \ F_2^2 = \frac{\sigma_0^2}{2}(Q_{x_i x_i} + Q_{y_i y_i} - K_i) \qquad (3-35)$$

式中：$K_i = \sqrt{(Q_{x_i x_i} - Q_{y_i y_i})^2 + 4Q_{x_i y_i}^2}$。

误差椭圆长半轴 e 的方向由下式解出：

$$\tan 2\varphi_o = \frac{Q_{x_i y_i}}{Q_{x_i x_i} - Q_{y_i y_i}} \qquad (3-36)$$

（2）可靠性准则。

①内部可靠性是发现粗差的能力，使用多余观测量 r（$0 \leqslant r \leqslant 1$）来定义，$r$ 越大越容易发现粗差，r 大于 0.3 表明内部可靠性好。在显著水平为 α 的统计检验观测值 l_i 上

可发现粗差的下界值为

$$\nabla_0 l_i = \frac{\sigma_{l_i} \delta_0}{\sqrt{r_i}} \tag{3-37}$$

为了直接进行不同类别观测值的可靠性比较，令

$$\delta_{0i} = \frac{\delta_0}{\sqrt{r_i}} \tag{3-38}$$

δ_{0i}作为度量观测值内部可靠性的指标。

②外部可靠性是指抵抗尚未发现粗差的影响的能力，使用影响因子表示，越小越好，其值与r成反比，影响因子在$[8,10]$区间表明外部可靠性好。

外部可靠性是指无法探测出（小于$\nabla_0 l_i$），而保留在观测数据中的残存粗差对平差结果的影响。这时，最大残存粗差$\nabla_0 l_i$对平差参数的影响为

$$\nabla_0 x_i = \boldsymbol{Q}_{xx} \boldsymbol{A}^{\mathrm{T}} \boldsymbol{P} \begin{bmatrix} 0 \\ \vdots \\ v_0 l_i \\ \vdots \\ 0 \end{bmatrix} \tag{3-39}$$

定义影响因子$\delta'^2_{0i} = (\nabla_0 \boldsymbol{X}_i)^{\mathrm{T}} \boldsymbol{Q}_{XX}^{-1} (\nabla_0 \boldsymbol{X}_i)$，由此可以得到：

$$\delta'_{0i} = \delta_0 \sqrt{\frac{1 - r_i}{r_i}} \tag{3-40}$$

（3）灵敏度准则。

灵敏度准则是指通过对周期观测的平差结果进行统计检验，所能发现的位移向量下界的能力，只针对变形监测网提出。

设变形向量为

$$\boldsymbol{d} = \| \boldsymbol{d} \| \cdot \boldsymbol{g} = a\boldsymbol{g} \tag{3-41}$$

对某一给定的形式向量$\boldsymbol{g}$，能被监测出的变形向量的下界值为

$$\boldsymbol{d}_0 = a_0 \boldsymbol{g} = \frac{\delta_0 \omega_0 \boldsymbol{g}}{\sqrt{\boldsymbol{g}^{\mathrm{T}} \boldsymbol{Q}_{dd} + \boldsymbol{g}}} \tag{3-42}$$

式中：$\boldsymbol{Q}_{dd}$——位移向量；$\boldsymbol{d} = \boldsymbol{x}_2 - \boldsymbol{x}_1$的协因数阵；

ω_0——与显著水平α_0和检验功效β_0相对应的非中心参数；

a_0——变形监测网对于所要监测变形的灵敏度。

（4）费用准则。

一般以观测值的权最小作为费用指标。增加优化设计的计算费用可以有效节约控制网成本。优化设计主要考虑造标费用和观测费用，其他费用变化不大。

2. 质量检测基本要求

（1）平面控制测量以点为单元成果，高程控制测量以测段为单元成果，不便以测段为单元成果的也可以点为单元成果。

（2）检验方式分为随机抽样和分层随机抽样。

（3）成果质量元素包括：数据质量（数学精度，观测质量，计算质量）；点位质量（选点质量，埋石质量）；资料质量（整饰质量，资料完整性）。

（4）检验方法：比对分析、核查分析、实地检查、实地检测。

3. 成果归档

技术设计书和技术总结，观测记录及数据，数据预处理和平差计算资料，控制点成果表，控制网图，点之记，仪器检定资料，检查、验收报告。

4 数据可靠性及异常值检测

4.1 数据初步检核

在实际工作中，获取一个测量对象的真值往往是困难的。我们可以通过使用高精度的测量工具，进行多次的比较和测量，以求得最接近于真值的近似值（最或然值）。由于测量过程中不可避免地存在误差，因此无论测量技术多么先进，这些误差始终存在。然而，通过使用更精密的测量设备和增加测量次数，我们可以有效地减少这些误差，使得到的最或然值更加接近真实值。

在精密工程测量领域，为获得与真实值接近的测量结果，我们可以采取以下措施：首先，提高测量仪器设备的精度；其次，深入研究并采取措施来减少或克服可能影响测量结果的各种误差，这包括环境因素、人为因素以及设备本身的局限性；最后，积极发展新的误差处理理论和方法，以科学的方法对误差进行分析和校正。从这个角度来看，测量技术的发展实质上是一个不断减少误差、提升测量精度的过程。

精密工程测量对被测定量的精度要求较高，因此在测量过程中，所有可能影响结果的误差因素都必须仔细考虑。这要求工程师不仅要识别出这些因素，还要结合实际情况，深入分析它们对测量结果造成的影响。例如，温度变化、设备磨损、操作者的技能差异等，都可能成为影响测量精度的关键因素。与此相反，在普通的测量作业中，由于对精度的要求相对较低，这些较小的误差往往不被视为必须考虑的因素，并且在计算过程中通常不会被纳入。

精密工程测量中的误差可分为偶然性误差和非偶然性误差两大类。偶然性误差主要来源于测量过程中的随机因素，如测量设备的微小波动、环境条件的微小变化等。非偶然性误差通常与测量设备的设计缺陷、操作者的技术水平、观测环境的稳定性等因素有关。非偶然性误差可以通过改进设备、提高操作技能和控制环境条件来减少。在实际工作中，将误差分为偶然性误差和系统性误差两大类，有助于我们更有针对性地分析和处理问题。例如，通过识别和控制系统性误差的来源，可以显著提高测量的准确性；通过增加测量次数和采用适当的统计方法，可以有效地减少偶然性误差的影响。

4.1.1 误差的类型

偶然误差是指测量中由随机因素引起的、不可预测的误差，大量的偶然误差服从于一定的分布规律。对于偶然误差的处理，是测量误差理论及处理技术研究的主要对象。

测量中的偶然误差通常被认为服从或近似服从正态分布。常被引用的实例是 421 个三角形观测结果的真误差分析，它较好地表明了偶然误差具有正态分布的特性。其实，测量误差的随机特性是由测量作业中各个环节产生的误差整体反映的，只有当各个环节产生的小误差在数值上大致相当时，它们的总体反映才服从或近似服从正态分布规律。例如，将高精度经纬仪固定在观测墩上，晴天时在不同时段观测某固定目标的高度角。虽然仪器精度很高，但各时段观测结果的差异很大，并体现了某种特定的规律。由于大气折光周日变化影响在观测误差中占主导地位，而其他各种误差（如照准、仪器、对中、偏心、读数等）的影响十分微小，从而使观测误差主要体现在大气折光周日变化影响上。在处理数据时，如果简单按偶然误差处理是不恰当的。因此，在精密测量工作中如何减弱大的误差，使其与其他误差处于同一量值水平，使误差整体基本服从正态分布特征，也是我们应该关注的问题。

精密工程测量中的误差并不仅仅是正态分布的，还有其他的分布形式。因此，在处理测量误差时，应较详细地分析实际的误差分布特征，建立相应的处理模型，才能获得良好的结果。

测量结果中非偶然误差主要包括系统误差、周期误差、粗差、异常值等多种类型。

精密工程测量中的系统误差必须得到有效控制，使其量值很小且不妨碍最终的测量精度。特别是在分段连续测量工作中，由于系统误差的累积，微小的系统误差在达到一定数量后会影响测量结果。

周期误差指以某一固定量为周期重复出现的系统误差。如受旁折光影响，会出现周期误差。该误差的产生，主要是外界环境整日变化的特性影响所致。通常而言，这种周期误差可以通过设置合理的观测方案得到减弱。此外，在小范围内如果能较精确地获得或建立大气折光模型，对观测值进行改正，也可以取得一定成效。另外，改进观测系统，如在激光准直中采用真空管道准直，也可极大地减弱大气折光的影响。

在精密工程测量中，观测结果会出现周期性变化，如滑坡变形观测点、大坝坝体变形观测点等在气温作用下，会呈现年周期变化规律。在处理观测数据时，必须考虑它们的影响。

测量中的粗差在性质上是一种属于明显超限的误差。在进行精密工程测量时，由于有严密的方案设计，严格的测量技术规范，通常不可能产生较大比例的粗差。尽管粗差的数量较少，但由于其量值较大，其不良作用还是很显著的。粗差不仅影响整体观测值的精度，还会使平差后的结果失真和歪曲。在进行精密工程测量时必须严格地将其剔除。按目前的理论，我们把粗差分别按函数模型及随机模型进行处理，并提出了数据探测法、粗差定位的稳健估计法等检测方法。在精密工程测量中不对粗差进行处理，必然会影响测量的质量和结果。

观测中的异常值指显著地偏离变化规律的量值，其中粗差是异常值的一种。在精密工程测量中，对异常值的正确判定是很重要的工作，因为它与随后的准确分析有关。例如，对某一重要建筑物进行多期沉降监测时，建立了一套沉降监控模型，能较好地总结该建筑物的沉降规律，以及对正常运行过程中的变形量进行预测。倘若最近一次的观测结果显示沉降的量值大大超过模型的预测值，则要先判断此观测值是否异常，如果异常则要查明原因，并对异常做出正确的解释。因此，安全监测是建立在对异常值正确判定的基础上的。

严格而言，异常值不应是观测误差或观测中产生的粗差，它是指对物体监测的结果与物体本身正常的变化规律明显不符而产生的量值。在大坝安全监测中，某坝段的坝顶位移出现异常，查明的结果为坝体内出现了明显的裂缝，也就是裂缝生成前后，坝体的结构发生了显著变化，因此，产生裂缝前后对坝顶位移的观测值不是对同一个坝体的观测结果。在相同的外界条件作用下，坝体结构发生变化而产生不同变形特征，这是很显然的。

对观测数据进行处理和分析是精密工程测量中很重要的工作内容。有效、准确地识别粗差和异常值，对提高测量的精度、可靠性十分重要。

4.1.2　数据探测法

在精密工程测量中，有很多因素（如仪器的不稳定性、观测人员的疏忽或环境条件的突然变化等）会导致观测数据出现粗差。这种粗差的存在，使得数据可能不再遵循常规的正态分布规律，即 $x \sim N(\mu, \delta^2)$。在处理粗差的问题上，目前存在两种主要观点。一种观点是将粗差视为函数模型误差的一部分，认为即使观测数据中包含了粗差，观测误差仍可认为观测误差是数学期望发生变化而方差保持不变的正态分布，即 $x \sim N(\mu, \delta^2)$。这种处理方式强调了对观测数据的整体性评估，以及对模型误差的调整。

另一种观点则是将粗差纳入随机模型进行处理，认为观测误差中包含的粗差相当于数学期望保持不变而方差发生变化的正态分布，可以表示为 $x \sim N(\mu, \delta_1^2)$。它们各自对应着不同的数据处理方法，选择哪种方法取决于具体的观测情况、数据特性以及所追求的精度目标。在实际应用中，可能需要结合多种方法，以最有效地识别和纠正粗差，从而提高观测数据的准确性和可靠性。

Baarda 教授提出的粗差定位方法（即数据探测法）是以一定的显著水平 α 和检验功效 β 去判断观测值中是否存在均值发生显著位移的误差，从而实现对粗差的判别。其原理如下：

观测值向量为 $\{L_i\}(i=1,2,\cdots,n)$，参数平差的误差方程为

$$V = BX + L（相应的观测值权为 P）\tag{4-1}$$

由最小二乘平差，可得参数和残差为

$$X = -(B^{\mathrm{T}}PB)^{-1}B^{\mathrm{T}}PL = -N^{-1}B^{\mathrm{T}}PL \tag{4-2}$$

$$V = -B(B^{\mathrm{T}}PB)^{-1}B^{\mathrm{T}}PL + L = -Q_\omega PL \tag{4-3}$$

如果观测值中存在粗差 ε，则粗差对残差的影响为

$$V + V_\varepsilon = -Q_\omega P(L + \varepsilon) \tag{4-4}$$

$$V_\varepsilon = -Q_\varphi P\varepsilon \tag{4-5}$$

令 $R = Q_\omega P = [r_{ij}]$ （$i,j = 1,2,\cdots,n$），则

$$V_{\varepsilon_j} = -\sum_{j=1}^{n} r_{ij}\varepsilon_i \tag{4-6}$$

从上式可见，每一个粗差在平差时，不仅对自身的改正数有影响，对其他改正数也有影响。为成功地探测粗差，希望此观测值含有的粗差在平差后，对自身对应的改正数有足够的反映。这样，在粗差检验时就容易得到准确定位。为满足上述要求，式（4-6）中主对角线上的元素r_{ij}应尽可能地大，而非对角线上元素i_{ij}（$i \neq j$）应趋于零，但是 R 矩阵是一个幂等短阵，它的迹等于秩，也就是等于多余观测数。

$$\text{tr}(R) = \text{tr}(Q_\varphi P) = \sum r_{ij} = r \tag{4-7}$$

因此，当多余观测数 r 一定时，由于各观测量组成的图形及空间位置不同，所对应的r_{ij}各不相同，那么不同观测值在含有粗差时能被检验出的能力是不一样的。

按式（4-1）参数平差模型，若仅在观测值 L_i 中含有粗差ε_i，则平差模型为

$$V = BX + (L + J_{i\varepsilon_i}),\ T_i = (0,0,\cdots,1,\cdots0)^{\text{T}} \tag{4-8}$$

经平差后可求得粗差的估值ε_i及其协因数阵

$$E_i = -\frac{J_j^{\text{T}}PV}{J_i^{\text{T}}PQ_\varphi PJ_i} \tag{4-9}$$

$$Q_{\varepsilon_i\varepsilon_j} = (J_i^{\text{T}}PQ_\omega PJ_i)^{-1} \tag{4-10}$$

构造统计量W_i为

$$|W_i| = \frac{|\varepsilon_i|}{\sigma_0\sqrt{Q_{\varepsilon_i\varepsilon_j}}} = \frac{J_j^{\text{T}}PV}{\sigma_0\sqrt{J_i^{\text{T}}PQ_\varphi PJ_i}} \tag{4-11}$$

若观测值 L_i 之间相互独立，则

$$|W_i| = \frac{V_i}{\sigma_0\sqrt{Q_{v_iv_j}}} = \frac{V_i}{\sigma v_i} \tag{4-12}$$

对统计量W_i进行假设检验。如果 L_i 中不合有粗差，则$W_i \sim N(0,1)$；若含有粗差，则W_i应服从 $N(\delta,1)$分布。对此做出原假设H_0和备选假设 ［H_1：H_0 表达 H_1：H_0 $W_i \sim N(0,1)$；H_1：$W_i \sim N(\delta,1)$］，选定显著水平 α 和检验功效β，或选定 α 和非中心化参数δ_0进行检验。

4.1.3　抗差最小二乘估计

抗差最小二乘估计是通过等价权将抗差估计与最小二乘估计有机结合起来，量测值的主体一般是符合正态分布的。因此抗差最小二乘估计的主体是最小二乘估计，它决定了抗差最小二乘估计的基本效率。

最小二乘估计抗差化的关键是建立恰当的权函数。为了得到既有较强抗差性，又有较高效率的估值，权函数应包含两方面的内容：①观测值的信息区间划分为正常观测值（有效信息）、可利用观测值（可利用信息）和粗差观测值（有害信息）。②根据这三部

分观测值，可以将权划分为保权区（保持原观测值不变）、降权区（对观测值作抗差限制）和拒绝区（权为零）。

抗差最小二乘估计的基本效率由保权区的观测值来保证，它们应该是观测数据的主体。抗差最小二乘估计的效率和可靠性通过降权区的权函数得到加强，它的抗差能力也体现在拒绝区。

目前，常用的抗差最小二乘估计方法有均值法、中位数法、Tukey 双权法、Huber法、Hampel 法、Andrews 正弦法、Fair 函数法、丹麦法以及 IGG 法。其中，Huber法是被广泛应用的一种方法。

抗差最小二乘估计的主要思想是将已有观测数据划分为主体与次要两个部分，分别对其采用相应的极大似然估计，把估计理论建立在符合数据实际的分布模型上，而不是建立在某种理想的分布模型上，这是抗差估计与经典估计理论的根本区别。1960 年，J. W. Tukey 提出了一种接近实际的分布模型，称为污染分布，可以表示为：

$$G = (1-\varepsilon)F + \varepsilon H \tag{4-13}$$

式中包含了主体分布 H，ε 为污染率，表示被污染数据在整个数据中的占比。主体分布占数据的主要部分，干扰分布是次要部分。如果 F 是正态分布，则称 G 为受污染的正态分布。

Huber 分布是污染正态分布的一种，它的主体是正态分布，干扰部分服从拉普拉斯分布。Huber 分布的概率密度可以概括为：

$$f(x) = \begin{cases} (1-\varepsilon)\varphi(x), & |x| \leqslant c \\ (1-\varepsilon)(2\pi)^{-\frac{1}{2}}\exp[c^2/2 - c|x|], & |x| \geqslant c \end{cases} \tag{4-14}$$

式中：ε——污染率。

$$\varphi(x) = (2\pi)^{\frac{1}{2}}\exp\{-\frac{1}{2}x^2\} \tag{4-15}$$

式中：$\varphi(x)$——标准正态分布密度。

当 $-c \leqslant x \leqslant c$ 时，观测值服从正态分布；当 $|x| \geqslant c$ 时，观测值服从拉普拉斯分布，其中 c 满足关系：

$$2\varphi(c) - 1 + 2\varphi(c)/c = 1/(1-\varepsilon) \tag{4-16}$$

若给定 ε 值，则可计算出 c 值。Huber 分布的极大似然估计是 Huber 估计，它属于 M 估计，Huber 法所采用的极值函数 $\varphi()$ 和权因子 ω 如下：

$$\rho(v) = v^2, |v| \leqslant k \tag{4-17}$$

$$\rho(v) = k|v| - \frac{1}{2}k^2, |v| > k \tag{4-18}$$

$$\varphi(v) = v, |v| \leqslant k \tag{4-19}$$

$$\varphi(v) = k\,\mathrm{sign}(v), |v| > k \tag{4-20}$$

$$\bar{\omega}(v) = 1, |v| \leqslant k \tag{4-21}$$

$$\bar{\omega}(v) = k\,\mathrm{sign}(v)/v = k/|v|, |v| > k \tag{4-22}$$

Huber 估计的 $\varphi()$ 函数是最小二乘估计的 $\varphi()$ 函数（中间部分）和中位数的 $\varphi()$ 函数（两尾部分）的组合。当 $k=0$ 时，Huber 估计退化为中位数；当 $k=\infty$ 时，Huber

估计变为均值。当 k 值确定时，Huber 估计的 $\varphi()$ 函数也就确定了，常数 k 是根据实际数据中的污染率 ε 确定的。当粗差比例在 $1\% \sim 10\%$ 时，k 值在 $1\sim2$ 之间。

Huber 回归未忽略离群值，对离群值采用线性损失函数，从而相对地降低离群值的权重，可以降低离群值对回归结果的影响。但降低离群值的权重是相对于均方误差（MSE）而言的，主要是由于 MSE 采用平方损失函数，而 Huber 损失采用的是线性损失函数。

Huber 回归的优化目标函数可以表达为

$$\min_{w,\sigma} \sum_{i=1}^{n} \left(\sigma + H_{\varepsilon}\left(\frac{X_i W - y_i}{\sigma} \right) \sigma \right) + \alpha \parallel W \parallel_2^2 \qquad (4-23)$$

其中，H_{ε} 是 Huber 损失函数，定义为

$$H_{\varepsilon}(z) = \begin{cases} z^2, \text{if } |z| < \varepsilon \\ 2\varepsilon |z| - \varepsilon^2, \text{otherwise} \end{cases} \qquad (4-24)$$

Huber 回归估计量为

$$\hat{\beta} = \arg\min_{\beta} \sum_{i=1}^{n} l_{\tau}(e_i) \qquad (4-25)$$

其中，$e_i = y_i - x_i \beta$，τ 为预先设定的阈值：

$$l(e_i) = \begin{cases} \dfrac{1}{2}(e_i)^2, \ |e_i| \leqslant \tau \\ \tau |e_i| - \dfrac{1}{2}\tau^2, \ |e_i| > \tau \end{cases} \qquad (4-26)$$

由上述可知，当残差绝对值 $|e_i|$ 小于阈值 τ 时，采用平方损失法。当残差绝对值大于阈值时，可认为该数据值为异常值，可以通过绝对值损失来降低对应数据点的权重。采用平方损失法可以得到无偏估计，但对异常值敏感；而绝对值损失得到的是 Huber 分布的最大值，不受边界值的影响。

自适应 Huber 回归的具体操作与 Huber 回归相同，只是阈值 τ 的选择采用自适应的方法，通过适应样本量、维数和矩阵在偏差和稳健性之间权衡。Huber 估计属于 M 估计，M 估计的原理为：设有一组相互独立的观测值 $\{l_i\}, i=1,2,\cdots,n$，观测值的权为 $\{P_i\}$，观测方程为

$$l + \Delta = Ax \qquad (4-27)$$

相对应的误差方程为

$$v = A\hat{x} - l \qquad (4-28)$$

式中：l——$n \times 1$ 阶观测向量；

　　　A——$n \times m$ 阶系数矩阵；

　　　x——$m \times 1$ 阶未知参数向量；

　　　$\hat{x}$——x 的估值；

　　　Δ——$n \times 1$ 阶观测误差向量；

　　　v——观测值余差向量。

M 估计可由下面的准则函数来定义：

$$\sum \rho(v_i) = \min \tag{4-29}$$

若 $\varphi(v_i) = \rho'(v_i)$，则可由式（4-29）求解极值得出：

$$\sum \varphi(v_i) \boldsymbol{a}_i = \boldsymbol{0} \tag{4-30}$$

式中：$\boldsymbol{a}_i$——系数矩阵 $\boldsymbol{A}$ 中的第 i 行向量；

v_i——第 i 个观测值的余值。

若令 $\varphi(v_i)/v_i = \bar{\omega}_i$，则上式可以改写为

$$\sum \bar{\omega}_i v_i \boldsymbol{a}_i = \boldsymbol{0} \tag{4-31}$$

这里可将 $\bar{\omega}_i$ 视作权因子。

假设观测值原有权值为 P_i，令 $\overline{P} = \{\overline{P}_i\} = \{\overline{P}_i \bar{\omega}_i\}$，则式（4-31）的矩阵表达式为：

$$\boldsymbol{A}^{\mathrm{T}} \overline{\boldsymbol{P}} v = \boldsymbol{0} \tag{4-32}$$

相应的法方程的式为：

$$\boldsymbol{A}^{\mathrm{T}} \overline{\boldsymbol{P}} \boldsymbol{A} \hat{\boldsymbol{x}} - \boldsymbol{A}^{\mathrm{T}} \overline{\boldsymbol{P}} l = \boldsymbol{0} \tag{4-33}$$

$$\hat{\boldsymbol{x}} = (\boldsymbol{A}^{\mathrm{T}} \overline{\boldsymbol{P}} \boldsymbol{A})^{-1} \boldsymbol{A}^{\mathrm{T}} \overline{\boldsymbol{P}} l \tag{4-34}$$

状态估计中的量测量可以作为 Huber 估计的观测值 l_i，雅克比矩阵元素对应着系数矩阵 $\boldsymbol{A}$ 的元素 a_{ij}，未知向量 $\hat{\boldsymbol{x}}$ 对应系统的状态变量，污染率 ε 对应测量系统中的质量差的数据比例。由式（4-34）可以看出，如果令 $\overline{\boldsymbol{P}} = \boldsymbol{R}$，$\boldsymbol{R}$ 为基本加权最小二乘估计的权矩阵，则 Huber 法等同于基本加权最小二乘法状态估计，也就是说这两种方法的区别只在于权矩阵的不同。

4.1.4 一元线性回归

一元线性回归处理的是两个变量之间的关系，即两个变量 x 和 y 间若存在一定的关系，则可通过试验、分析得到的数据，找出两者之间的相关经验公式。假如两个变量的关系是线性的，那就是一元线性回归分析所研究的对象。

通常在使用一元线性回归分析处理两个变量的问题时，是讨论一个非随机变量和一个随机变量的情形，其相关分析则是讨论两个都是随机变量的情形。如进行大坝监测时利用各坝段所测变形值进行相互检核，因为两个观测值均是随机变量，故属于相关分析的范畴。

尽管一元线性回归分析与相关分析在概念上不同，但它们处理变量之间关系的基本方法相同。在下面的讨论中，我们不将它们作严格区分。

一元线性回归的数学模型为

$$y_0 = \beta_0 + \beta x_a + \varepsilon_a, (a = 1, 2, \cdots, N) \tag{4-35}$$

其中，$\varepsilon_1, \varepsilon_2, \cdots, \varepsilon_N$ 是随机误差，一般假设它们相互独立，且服从同一正态分布 $N(0, \sigma)$。

为了估计式（4-35）中的参数 β_0, β，用最小二乘估计求得它们的估值分别为 b_0, b，则可得一元线性回归方程

$$\hat{y} = b_0 + bx \qquad (4-36)$$

其中，b_0, b 称为回归方程的回归系数。

回归值 $\hat{y}_a$ 与实际观测值 y_a 之差

$$v_a = y_a - \hat{y}_a \qquad (4-37)$$

v_a 表示 y_a 与回归方程 $\hat{y} = b_0 + bx$ 的偏离程度。我们用下式计算的值作为用回归直线求因量估值的中误差：

$$s = \sqrt{\frac{[vv]}{N-2}} \qquad (4-38)$$

求回归直线的前提是变量 x 与 y 必须存在线性相关，否则所配直线就无实际意义，线性相关的指标是相关系数 ρ，它可用下式计算：

$$\rho = \frac{\sigma_{xy}}{\sigma_x \sigma_y} \qquad (4-39)$$

其估值为

$$\hat{\rho} = \frac{s_{xy}}{s_x s_y} = \frac{\sum_{a=1}^{N}(x_a - \bar{x})(y_a - \bar{y})}{\sqrt{\sum_{a=1}^{N}(x_a - \bar{x})^2}\sqrt{\sum_{a=1}^{N}(y_a - \bar{y})^2}} \qquad (4-40)$$

式中：$\bar{x}$——自变量 x 的平均值；

$\bar{y}$——因变量 y 的平均值。

ρ 越接近 ± 1，表明随机变量 x 与 y 线性相关越密切。

表 4-1 为相关系数检验法的临界值表。当按式（4-40）计算的估值 $\hat{\rho}$ 大于表中的相应值时，即可认为随机变量之间线性相关密切，此时配置回归直线才有价值。

表 4-1 相关系数检验法的临界值

自由度	置信水平		自由度	置信水平	
	5%	1%		5%	1%
1	0.997	1.000	24	0.388	0.496
2	0.950	0.990	25	0.381	0.487
3	0.878	0.959	26	0.374	0.478
4	0.811	0.917	27	0.367	0.470
5	0.754	0.874	28	0.361	0.463
6	0.707	0.834	29	0.355	0.456
7	0.666	0.798	30	0.349	0.449
8	0.632	−0.765	35	0.325	0.418
9	0.602	0.735	40	0.304	0.396
10	0.576	0.708	45	0.288	0.372
11	0.553	0.684	50	0.273	0.354

自由度	置信水平		自由度	置信水平	
	5%	1%		5%	1%
12	0.532	0.661	60	0.250	0.325
13	0.514	0.641	70	0.232	0.302
14	0.497	0.623	80	0.217	0.283
15	0.482	0.606	90	0.205	0.267
16	0.468	0.590	100	0.195	0.254
17	0.456	0.575	125	0.174	0.228
18	0.444	0.561	150	0.159	0.208
19	0.433	0.549	200	0.138	0.181
20	0.423	0.537	300	0.113	0.148
21	0.413	0.526	400	0.098	0.128
22	0.404	0.515	500	0.088	0.115
23	0.396	0.505	1000	0.062	0.087

4.2 异常值检测

精密工程测量中，观测值的异常包含两个方面：一是指含有粗差的观测值，即对一个固定量观测时，由于观测者的不仔细，或者环境条件突变、仪器误差等因素，使观测值误差不符合某种统计分布的规律，产生粗差；二是指由于被观测体本身的显著变化，从而使观测结果不符合被观测体的变化规律，使观测结果产生异常。例如，在对某高边坡长期观测中，获得该高边坡的正常变形规律。但经近期较强地震作用，高边坡四周的裂缝加大，使观测结果与正常变形时应产生的变形值有明显的差异。

对于第一类异常值（粗差）的检验，前面已经讨论过了。在测量工作中，粗差的影响主要是对所建模型的失真，对参数估计的不准确，是一种必须消除的误差。而第二类异常值不是因测量原因产生的，但它对安全监测等工作极为重要。对异常值的准确判断和分析，可获得各种构筑物的不安全信号并进一步引起监控人员的注意，从而采取预防措施。

4.2.1 小波变换的基本原理与方法

对于非平稳信号，傅里叶变换（Fourier Transformation，FT）不能很好地反映其频率随时间的变化。因为我们在应用傅里叶变换时，计算出的每个频率分量都对应于整个时间轴（或有信号的时间范围），这就使得原始信号的时间信息丢失了，不能分析出频率随时间的变化，也不能定位出某一时刻发生的突变。为了弥补傅里叶变换的不足，把整个时间域分解成无数个等长的小过程，也称为加窗，每个过程力求近似平稳，再进行傅里叶变换后就可知时间节点对应的频率。但窗的宽度选择问题仍未解决，窄窗口时间分辨率高、频率分辨率低；宽窗口时间分辨率低、频率分辨率高。对于时变非稳态信号，高频部分适合用窄窗口，低频部分适合用宽窗口。然而，在一次短时傅里叶变换（Short Time Foutier Transform，STFT）中，窗口的宽度是固定，所以短时傅里叶变换也有其局限性，这就引出了小波变换。

小波变换是一种变换分析方法，它可以将信号分解成不同频率的小波分量，从而更好地理解和处理信号。小波函数是一种具有局部性的函数，它在某个区间内非零，在其他区间内为零，这种局部性使得小波函数可以更好地适应信号的局部特征。另外，小波函数还具有可伸缩性，即可以通过缩放和平移来适应不同频率的信号，这种可伸缩性使得小波函数可以更好地适应信号的全局特征。

小波变换的基本思想是将信号分解成不同频率的小波分量，然后对每个小波分量进行分析和处理。具体来说，小波变换可以分为两个步骤——分解和重构。

分解是将信号分解成不同频率的小波分量的过程，这个过程可以通过将信号与一组小波函数进行内积来实现。内积的结果是一个系数序列，它表示信号在不同频率的小波函数上的投影。这个系数序列可以表示信号在不同频率上的能量分布，从而更好地理解信号的频域特征。

重构是将小波分量合成为原始信号的过程，这个过程可以通过将每个小波分量与对应的小波函数进行内积来实现。内积的结果是一个时间序列，它表示每个小波分量在时间上的变化。该时间序列可以表示原始信号的时域特征，从而更好地理解信号的时域特征。

小波函数修正了尺度函数表示和原始信号之间的差异。在给定尺度函数 $\varphi(x)$ 后，一定存在一个小波函数 $\psi(x)$，类似尺度函数的幂为 2 的伸缩和整数倍的平移，得到函数

$$\psi_{j,k}(x) = 2^{\frac{j}{2}}\psi(2^j x - k) \tag{4-41}$$

式中，$j,k \in Z$。

若令 W_{j_0} 表示小波函数集合 $\{\psi_{j_0,k} \mid k \in Z\}$ 所张成的空间，则有

$$V_{j_0+1} = V_{j_0} \oplus W_{j_0} \tag{4-42}$$

式中，⊕为所张成空间的直和。形象地说，从 V_{j_0+1} 到 V_{j_0} 之间的模糊部分，可以用 W_{j_0} 填补，且 W_{j_0} 和 V_{j_0} 中的基函数是正交的，即

$$[\varphi_{j_0,k}(x),\psi_{j_0,1}(x)] = 0, k \neq l \tag{4-43}$$

实际上，两者之间的联系可以写成

$$\psi(x) = \sum_k h_\psi(k)\sqrt{2}\varphi(2x - k) \tag{4-44}$$

其中，$h_\psi(k)$ 为小波函数系数（wavelet function coefficients），可以写成有序集合 $\{h_\psi(k) \mid k = 0,1,2,\cdots\}$。由于小波函数对整数平移之间是正交的，所以可证明出

$$h_\psi(k) = (-1)^k h_\psi(1 - k) \tag{4-45}$$

小波变换的主要步骤如下：

（1）把小波函数 $w(t)$ 和原函数 $f(t)$ 的开始部分进行比较（即做内积），计算系数 C。系数 C 表示该部分函数与小波函数的相似程度。

（2）把小波函数向右移 k 单位，得到小波函数 $w(t-k)$。重复步骤（1）直至函数 $f(t)$ 结束。

（3）扩展小波函数 $w(t)$，得到小波函数 $w(t/2)$，重复步骤（1）（2）。

（4）不断扩展小波函数，重复上述步骤。

综合前述，小波变换可以更好地理解和处理信号，从而在信号处理、图像处理、音频处理等领域有广泛的应用。例如信号压缩、图像压缩、音频压缩、信号去噪、图像去噪、音频去噪、信号分析、图像分析、音频分析等，基于小波变换的原理，利用小波分解和重构来实现信号的分析和处理。

4.2.2 小波变换在变形监测的中的应用

在变形监测中，会产生一些具有特征的信号。例如，在隧道工程中，施工会产生很多声音、振动等，从而产生具有一定频率的信号；地下水水位变化等因素也会产生具有一定规律的信号；建筑物因自身结构变形、风动、地震等因素，也会产生特征明显的信号。

将监测到的变形信号应用小波变换进行分析，可以提取到信号的局部特征，以更好地分析变形前后的信号差异。小波变换还可以根据信号变化的时频分布，通过提取和分析峰值、波峰等特征，更加精准地监测实体结构的变形情况。

4.3 数据稳健估计方法

测量数据处理是对一组含有误差的观测值，根据相关的数学模型（包括函数模型和随机模型），按某种估计准则，求出未知参数的最优估值，并评定其精度。当观测值中仅包含偶然误差时，按最小二乘估计平差模型计算得出的参数将具有最优的统计性质，即所估参数为最优线性无偏估计。

统计学家指出，在生产实践和科学实验采集的数据中，粗差出现的概率一般为 $1\%\sim10\%$。为了减弱或消除粗差对参数估计的影响，G. E. P. BOX 于 1953 年提出了稳健估计理论。稳健估计理论建立在符合观测数据的实际分布模式上，而非建立在某种理想的分布模式上，即在粗差不可避免的情况下，选择适当的估计方法，使参数的估值尽可能避免粗差的影响，得到正常模式下的最佳估值。稳健多元线性回归能有效地消除或减弱粗差对参数估计的影响，同时能消除粗差的范围因方法本身和具体问题的观测值数量的不同而不同。

现代测量平差理论中考虑了粗差产生的原因和影响，在数据处理时可将粗差归为两数模型、随机模型。将粗差归为两数模型，即粗差表现为观测量误差绝对值较大且偏离群体；将粗差归为随机模型，即粗差表现为先验随机模型和实际随机模型的差异过大。

前文已经指出，在测量数据服从正态分布的情况下，最小二乘估计具有最优统计性质。但最小二乘估计具有良好的均衡误差特性，不具备抗粗差干扰的能力，对含粗差的观测量相当敏感，如果平差模型中包含了粗差，即使为数不多，仍将严重歪曲参数的最小二乘估值，影响测量结果的质量。下面是一个简单的例子：

$l_1=10.001$m，$l_2=10.002$m，$l_3=10.003$m，$l_4=9.996$m，

$l_5=10.010$m，$l_6=11.001$m，$l_7=9.997$m，$l_8=9.998$m

由上例可以看出，由于受粗差观测值l_6的干扰，最小二乘估计结果失实，与真值偏差较大。稳健估计（Robust Estimation）在测量中也称为抗差估计，它是针对最小二乘估计抗粗差干扰差这一缺陷提出的，其目的在于构造某种估计方法，使其对粗差具有较强的抵抗能力。自 1953 年 G. E. P. BOX 首先提出稳健性的概念后，Tukey、Huber、Hampel、Rousseeuw 等对参数的稳健估计进行了卓有成效的研究，经过众多数理统计学家几十年的开拓和耕耘，至今稳健估计已发展成为一门受到多学科关注的分支学科。

稳健估计的基本思想可以简要概括为：在粗差不可避免的情况下，选择适当的估计方法，使参数的估值尽可能避免粗差的影响，得出正常模式下的最佳估值。使用稳健估计讨论问题时要充分利用观测数据中的有效信息、限制利用可用信息、排除有害信息，以达到在假定的观测分布模型下估值应是最优或接近最优（非劣性）。同时，当假定模型与实际模型有微小差异时，估值受到粗差的影响较小（稳定性）；当假定模型与实际模型有较大偏差时，估值不致遭到破坏性影响（抗干扰性）。

4.3.1　稳健估计

在实际测量过程中得到的测量值是符合正态分布的随机变量，若含有粗差，那么在应用最小二乘抗差滤波或卡尔曼滤波的时候就会使结果偏离真实值，即发生滤波发散的现象。通过稳健估计可以对出现粗差的观测值进行降权处理。稳健估计的计算公式与最小二乘估计的计算公式比较相似，主要的变化在于权阵。稳健估计将权阵换为了等价权阵，采用的是等价权函数，常见的有 Huber、IGGI 等。

稳健估计大致可以划分为三类：

M 估计——广义的极大似然估计，是经典的极大似然估计的推广。基于 1964 年 Huber 所提出的 M 估计理论，丹麦的 Krarup 和 Kubik 等于 1980 年将稳健估计理论引入测量领域。

L 估计——排序统计量线性组合估计，需将观测子样按其大小排列。

R 估计——秩检验型估计，基于观测子样列序统计量的秩，属于非参数估计。

我们通常将影响函数作为度量稳健估计性能的指标，影响函数可以看作用来判断估计统计量对异常值敏感程度的一种指标，反映在不同位置上异常数据对估值所造成的相对影响的大小。

影响函数（Influence Function，IF）的定义式：

$$\mathrm{IF}(y,F,\hat{\theta}) = \lim_{\varepsilon \to 0} \frac{\hat{\theta}\{(1-\varepsilon)F + \varepsilon \Delta_x\} - \hat{\theta}F}{\varepsilon} \tag{4-46}$$

式中，F 为正常观测值的分布函数；Δ_x 为因异常观测值引起的阶跃分布函数，当观测值中异常观测值出现的可能较小（小概率 ε）时，其分布函数变为

$$F_\varepsilon = (1-\varepsilon)F + \varepsilon \Delta_x \tag{4-47}$$

估计统计量 $\theta(F_\varepsilon) = \theta\{(1-\varepsilon)F + \varepsilon \Delta_x\}$ 与正常观测值下的估计函数 $\theta(F)$ 之差 $\theta(F_\varepsilon) - \theta(F)$，描述了异常值对估计函数的影响。

M 估计在稳健分析中是比较常用的方法，它是由 Huber 在 1954 年对极大似然估计加以引伸而得出的。首先看一个简单的情形：设 $X_1,\cdots,X_n$ 为独立同分布变量，X_1 的密度函数为 $f(x;\theta)$，若取 $\rho(x;\theta) = a(-\ln f(x;\theta)) + b$，其中 $a>0$ 且 b 是一个与 θ 无关的常数，则 θ 的 MLE $\hat{\theta}(x)$ 满足

$$\sum_{i=1}^{n} \rho(x_i;\hat{\theta}) = \min_{\theta} \sum_{i=1}^{n} \rho(x_i;\theta) \tag{4-48}$$

对一些参数模型，MLE 是可求的。例如，设 $X_1 \sim N(\mu,\sigma^2)$，σ^2 已知，则

$$\ln p(x;\mu) = -\frac{(x-\mu)^2}{2\sigma^2} - \frac{1}{2}\ln(2\pi) - \ln\sigma \tag{4-49}$$

取 $\rho(x;\mu) = (x-\mu)^2$，则上式变为

$$\sum_{i=1}^{n}(x_i-\hat{\mu})^2 = \min_{\mu}\sum_{i=1}^{n}(x_i-\mu)^2 \tag{4-50}$$

解之可得 μ 的最大似然估计为样本均值 $\overline{X}$。

对复杂的模型，求最大似然估计是有困难的。特别是，当总体分布是更一般的分布族时，其密度函数为

$$f(x;\theta) = (1-\varepsilon)f_1(x;\theta) + \varepsilon f_2(x;\theta) \tag{4-51}$$

其中，$f_1(x;\theta)$ 已知而 $f_2(x;\theta)$（部分）未知，则通过 $\rho = -\ln f(x;\theta)$ 求解最大似然估计一般是行不通的。因此，Huber 将上述 ρ 加以推广，允许 ρ 在一定范围内自由变化，并把通过解上述最大似然估计方程得到的估计称为 M 估计。

定义 设 $X_1,\cdots,X_n$ 是来自某总体的一个样本，$\rho(x;\theta)$ 为一选定的非负函数，若估计 $\hat{\theta} = \hat{\theta}(X)$ 满足

$$\sum_{i=1}^{n}\rho(X_i;\hat{\theta}) = \min_{\theta}\sum_{i=1}^{n}\rho(X_i;\theta) \tag{4-52}$$

则称 $\hat{\theta}$ 为 θ 的一个 M 估计。

若 $\rho(x;\theta)$ 关于 θ 可微，记 $\psi(x;\theta) = \dfrac{\partial\rho(x;\theta)}{\partial\theta}$，如果 $\hat{\theta}$ 满足

$$\sum_{i=1}^{n}\psi(X_i;\hat{\theta}) = 0 \tag{4-53}$$

则称 $\hat{\theta}$ 为 θ 的一个 M 估计。

以下例讨论位置参数的 M 估计，当 θ 是位置参数时，$f(x;\theta) = f(x-\theta)$，则 $\rho(x;\theta)$ 常取为 $\rho(x-\theta)$，它是一个类似距离的函数，满足非负性和对称性。

例1 设$X_1,\cdots,X_n$是来自某分布的一个样本，θ是该分布的位置参数。

(1) 取损失函数$\rho(x-\theta)=(x-\theta)^2$，它为严格凸函数，$\psi(x-\theta)=-2(x-\theta)$，估计$\hat{\theta}$需满足$\sum\limits_{i=1}^{n}(x_i-\hat{\theta})=0$，其解为样本均值。

(2) 取$\rho(x-\theta)=|x-\theta|$，它是凸函数，但不是严格凸函数。对$\theta$求导，得到$\psi(x-\theta)=\begin{cases}1,&\text{if}x<\theta,\\-1,&\text{if}x>\theta\end{cases}$。若$n$为奇数，则$\hat{\theta}=x\left(\dfrac{n+1}{2}\right)$；若$n$为偶数，则$\hat{\theta}$为$x\left(\dfrac{n}{2}\right)$与$x\left(\dfrac{n}{2}+1\right)$间任一数。

(3) 取$\rho(x-\theta)=\ln(1+(x-\theta)^2)$，它不是凸函数，但其导数存在，$\psi(x-\theta)=-\dfrac{2(x-\theta)}{1+(x-\theta)^2}$。估计$\hat{\theta}$需满足$\sum\limits_{i=1}^{n}\dfrac{x_i-\hat{\theta}}{1+(x_i-\hat{\theta})^2}=0$，该方程可以有多组解，其解有可能是最大点，也可能是鞍点或局部极小点。

由例1可以看出，不同的ρ可以导出不同的M估计，但其都有如下的大样本性质。

定理1 设$X_1,\cdots,X_n$是来自$F(x)$的一个样本，$\psi(x)$在$(-\infty,+\infty)$上非递减，并设θ是方程$\lambda(t)\equiv E[\psi(X-t)]=0$的唯一解。假定$\sum\limits_{i=1}^{n}\psi(X_i-\hat{\theta})=0$对一切$n$和$X_1,\cdots,X_n$有解，记其中一个解为$\hat{\theta}_n$，则

$$\hat{\theta}_n\to\theta,\text{a. s.} \tag{4-54}$$

证明 令

$$a_n=\sup\{t:\sum_{i=1}^{n}\psi(X_i-t)>0\},b_n=\inf\{t:\sum_{i=1}^{n}\psi(X_i-t)<0\} \tag{4-55}$$

由$\psi(x)$的非递减性知$\psi(x)$是t的非单调递增函数，故$a_n\leqslant b_n$，又θ是$\lambda(t)=0$的唯一解且非递减，故$\lambda(t)$非递增，从而对任意的$\varepsilon>0$，有$\lambda(\theta+\varepsilon)<0<\lambda(\theta-\varepsilon)$。由大数定律，

$$\lim_{n\to\infty}\frac{1}{n}\sum_{i=1}^{n}\psi(X_i-(\theta\pm\varepsilon))=\lambda(\theta\pm\varepsilon),\text{a. s.} \tag{4-56}$$

故当n充分大时，有

$$\sum_{i=1}^{n}\psi(X_i-\theta-\varepsilon)<0<\sum_{i=1}^{n}\psi(X_i-\theta+\varepsilon),\text{a. s.} \tag{4-57}$$

此即

$$\theta-\varepsilon\leqslant a_n\leqslant b_n\leqslant\theta+\varepsilon,\text{a. s.} \tag{4-58}$$

从而有

$$\theta-\varepsilon\leqslant\hat{\theta}_n\leqslant\theta+\varepsilon,\text{a. s.} \tag{4-59}$$

由ε的任意性，定理得证。

定理2 由上述定理可知，$\psi(x)$在$(-\infty,+\infty)$是非递减的，$\lambda(t)$是真唯一解，$\lambda(t)$的非递增对损失函数中的θ求导，得到$\psi(x-\theta)=-2(x-\theta)$。记$\sigma_0^2=\sigma^2(\theta)$，则

$$\sqrt{n}\,\lambda'(\hat{\theta}_n)/\sigma_0\to N(0,1) \tag{4-60}$$

进一步，若$\lambda'(\theta)$存在且不为0，则

$$\sqrt{n}\,\lambda'(\theta)(\hat{\theta}_n-\theta)/\sigma_0 \to N(0,1) \tag{4-61}$$

设$X_1,\cdots,X_n$是来自$F(x-\theta)$的一个样本，$X_{(1)}\leqslant\cdots\leqslant X_{(n)}$是次序统计量，则形如$\sum a_i X_{(i)}$的估计量称为L估计。样本分位数是一类重要的L估计。

例2　设$X_1,\cdots,X_n$是来自$F(x-\theta)$的一个样本，取定$\alpha\in\left(0,\dfrac{1}{2}\right)$，

(1) 令

$$\overline{X}_\alpha = \frac{1}{n-2[n\alpha]}\sum_{i=[n\alpha]+1}^{n-[n\alpha]} X_{(i)} \tag{4-62}$$

其中，$[n\alpha]$表示不大于$n\alpha$的最大整数，$X_{(1)}\leqslant\cdots\leqslant X_{(n)}$为次序统计量。$\overline{X}_\alpha$称为样本$\alpha$的切尾均值。由$\overline{X}_\alpha$的表达式可以看出，切尾均值由原样本上、下两端各切去（$100\times\alpha$）％数目的观测值，然后将余下的$100\times(1-2\alpha)$％的观测值进行平均。显然，$\overline{X}_\alpha$几乎不受个别异常值的影响，在此意义下，它是稳健的。

(2) 令

$$T_n = \frac{1}{n}\{\sum_{i=[n\alpha]+1}^{n-[n\alpha]} X_{(i)} + n\alpha\,\hat{\xi}_{1-\alpha} + n\alpha\,\hat{\xi}_\alpha\} \tag{4-63}$$

其中，T_n称为Winsor化均值。与α的切尾均值相比，Winsor化均值不是将原样本的上、下两端各100α％的观测值剔除，而是将它们调整为余下观测值中最接近者，也就是说，将上端100α％的观测值调整为余下样本的最大值（$F(x)$的$1-\alpha$分位数的估计），将下端100α％的观测值调整为余下的样本的最小值（$F(x)$的α的分位数的估计）。

4.3.2　一次范数最小平差方法

范数的概念通常是由点与点之间距离概念的抽象推广而来，一个范数是定义在线性空间上的非负函数。

在空间扩张上可定义如下范数：

$$\|\boldsymbol{V}\|_1 = \sum_{i=1}^n |V_i| \tag{4-64}$$

$$\|\boldsymbol{V}\|_2 = (\sum_{i=1}^n |V_i|^2)^{\frac{1}{2}} \tag{4-65}$$

$$\|\boldsymbol{V}\|_p = (\sum_{i=1}^n |V_i|^p)^{\frac{1}{p}} \tag{4-66}$$

上述各式分别是1范数、2范数及p范数。定义了的1范数空间，常称为路程空间；2范数空间则称为欧氏空间。

在线性赋范空间中，如果最佳逼近为唯一，则称该空间为严格凸赋范空间，相应的范数为严格凸范数。2范数是严格凸范数，而1范数为非严格凸范数，所以最小二乘平差（LS）具有唯一的平差解，而1范数最小（L_1）平差解有时不唯一。

但是上述讨论的稳健估计中，1范数最小平差方法有较强的抗差能力，在精密工程测量、安全监测等许多数据处理问题中有极好的应用价值。因此，进一步研究该方法有实际意义。

1范数最小平差方法的数学模型可表达为

$$\begin{cases} \sum |\boldsymbol{P}_i \boldsymbol{V}_i| = \min, \\ \boldsymbol{V} = \boldsymbol{BX} + \boldsymbol{L} \end{cases} \tag{4-67}$$

L_1估计有以下两种算法可以使用。

（1）选权迭代法。

设误差方程为 $\boldsymbol{V} = \boldsymbol{AX} - \boldsymbol{l}$，$L_1$估计的极值函数为 $\sum\limits_{i=1}^{m} |v_i| = \min$，不等精度观测条件下极值函数为 $\sum\limits_{i=1}^{m} \sqrt{p_i} |v_i| = \min$。

根据现有的最小二乘理论，进行迭代可以求解方程，从而得到合理的结论。具体步骤如下：

①列立误差方程，令各观测权函数为 p_i。

②解算法方程（公式），得到 $\hat{x}$ 和 $\hat{v}$ 的第1次估值。

$$\hat{\boldsymbol{x}}^{(1)} = (\boldsymbol{A}^{\mathrm{T}} \boldsymbol{PA})^{-1} \boldsymbol{A}^{\mathrm{T}} \boldsymbol{Pl} \tag{4-68}$$

$$\boldsymbol{V}^{(1)} = \boldsymbol{A} \hat{\boldsymbol{x}}^{(1)} - \boldsymbol{l} \tag{4-69}$$

③由 $\boldsymbol{V}^{(1)}$ 确定各观测权函数 $\overline{p_i(v_i)}$。

$$\overline{p_i(v_i)} = \frac{p_i}{|v_i| + k}, k \leqslant |v_i| \tag{4-70}$$

再解算法方程，类似迭代计算，直到前后两次解的差值符合限差要求为止。

（2）单纯形法。

单纯形法的基本原理：设线性规划的数学模型为目标函数：$f(X) = \boldsymbol{C}^{\mathrm{T}} \boldsymbol{X} = \min$。约束条件：$\boldsymbol{AX} = \boldsymbol{b}$，$\boldsymbol{X}$ 的分量非负。

单纯形法的基本原理是根据线性规划的数学模型，从方程 $\boldsymbol{AX} = \boldsymbol{b}$ 的基本可行解（1个顶点）开始，在它所有相邻的可行解中选择使目标函数有较大下降的可行解（另1个顶点）代替原来的解，这是一次迭代。经过有限次迭代，当目标函数达到极小时，便得到最优解。

首先求线性规划的基本可行解，在约束条件 $\boldsymbol{A}_{mn} \boldsymbol{X}_{n1} = \boldsymbol{b}_{m1}$，$\boldsymbol{X}$ 的分量非负中，$n > m$，秩$(\boldsymbol{A}) = m$。设 $\boldsymbol{a}_1, \boldsymbol{a}_2, \cdots, \boldsymbol{a}_n$ 为 $\boldsymbol{A}$ 的各列向量，从中选出 m 个线性无关的列向量，组成 $\boldsymbol{B} = (\boldsymbol{a}_1, \boldsymbol{a}_2, \cdots, \boldsymbol{a}_m)$。令其余列向量组成 $\boldsymbol{N}_{m \times (n-m)} = (\boldsymbol{a}_{m+1}, \boldsymbol{a}_{m+2}, \cdots, \boldsymbol{a}_n)$，则 $\boldsymbol{A} = (\boldsymbol{B}, \boldsymbol{N})$。

相应的参数也表达成 $\boldsymbol{x} = \begin{bmatrix} \boldsymbol{X}_B \\ \boldsymbol{X}_N \end{bmatrix}$，式中 $\boldsymbol{X}_B = (x_1, x_2, \cdots, x_m)^{\mathrm{T}}$，$\boldsymbol{X}_N = (x_{m+1}, x_{m+2}, \cdots, x_n)^{\mathrm{T}}$。则方程变为

$$\boldsymbol{BX}_B + \boldsymbol{NX}_N = \boldsymbol{b}, \boldsymbol{X}_B, \boldsymbol{X}_N \text{ 的分量均非负} \tag{4-71}$$

因 $\boldsymbol{B}$ 非奇异，故可得 $\boldsymbol{X}_B = \boldsymbol{B}^{-1}(\boldsymbol{b} - \boldsymbol{NX}_N)$。若令非基本参数 $\boldsymbol{X}_N = \boldsymbol{0}$，则有 $\boldsymbol{X}_B =$

$\boldsymbol{B}^{-1}\boldsymbol{b}$。这个解的非零分量个数不多于 m 的个数，故为一组基本可行解。如果 $X_B =$

$$\begin{bmatrix} XB_1 \\ XB_2 \\ \vdots \\ XB_m \end{bmatrix} = \begin{bmatrix} \bar{b}_1 \\ \bar{b}_2 \\ \vdots \\ \bar{b}_m \end{bmatrix} - \begin{bmatrix} y_{1k} \\ y_{2k} \\ \vdots \\ y_{mk} \end{bmatrix}，X_k \geq 0，则 \boldsymbol{X} 即为满足全部约束条件的基本可行解。$$

为检验基本可行解是否最优解，对应约束条件，设目标函数系数为 $\boldsymbol{C} = (\boldsymbol{C}_B \boldsymbol{C}_N)^{\mathrm{T}}$，考察 $\boldsymbol{r} = \boldsymbol{C}_N - \boldsymbol{C}_B \boldsymbol{B}^{-1} \boldsymbol{N}$ 是否大于 $\boldsymbol{0}$，如果 $\boldsymbol{r}$ 大于 $\boldsymbol{0}$，则为最优解。

单纯形法计算L_1估计中，需1范数最小估计，其数学模型为

$$\min Z = \sum_i^m \sqrt{p_i} \mid v_i \mid \tag{4-72}$$

$$\boldsymbol{V} = \boldsymbol{AX} - \boldsymbol{l} \tag{4-73}$$

由于线性规划中要求所有未知参数均为非负，可作假设，令

$$\boldsymbol{X} = \boldsymbol{X}^+ - \boldsymbol{X}^- \tag{4-74}$$

$$\boldsymbol{V} = \boldsymbol{V}^+ - \boldsymbol{V}^- \tag{4-75}$$

$$\boldsymbol{X}^+, \boldsymbol{X}^-, \boldsymbol{V}^+, \boldsymbol{V}^- 的分量均为非负 \tag{4-76}$$

即假定任何一个参数均视为两个非负变量之差，其中，$\boldsymbol{V}^+$ 和 $\boldsymbol{V}^-$、$\boldsymbol{X}^+$ 和 $\boldsymbol{X}^-$ 互不独立，它们之间不可能同时存在非零解。当 $\boldsymbol{X}$ 和 $\boldsymbol{V}$ 的分量均为正值时，$\boldsymbol{X} = \boldsymbol{X}^+ \neq \boldsymbol{0}$，$\boldsymbol{V} = \boldsymbol{V}^+ \neq \boldsymbol{0}$，反之；当 $\boldsymbol{X}$ 和 $\boldsymbol{V}$ 的分量均为负值时，$\boldsymbol{X} = \boldsymbol{X}^- \neq \boldsymbol{0}$，$\boldsymbol{V} = \boldsymbol{V}^- \neq \boldsymbol{0}$。

经过变换，1范数最小估计的线性规划数学模型为

$$\min Z = \sum_{i=1}^m \sqrt{p_i} (v^+ + v^-) \tag{4-77}$$

$$\boldsymbol{l} = \boldsymbol{AX}^+ - \boldsymbol{AX}^- - \boldsymbol{V}^+ + \boldsymbol{V}^- \tag{4-78}$$

$$\boldsymbol{X}^+, \boldsymbol{X}^-, \boldsymbol{V}^+, \boldsymbol{V}^- 的分量均为非负 \tag{4-79}$$

满足该式的解为最优可行解，具体步骤如下：

①选择初始的 $\boldsymbol{A} = (\boldsymbol{B} \boldsymbol{N})$，$\boldsymbol{C} = (\boldsymbol{C}_B \boldsymbol{C}_N)$，求出初始基本可行解，

$$\boldsymbol{X} = \begin{bmatrix} \boldsymbol{X}_B \\ \boldsymbol{X}_N \end{bmatrix} = \begin{pmatrix} \boldsymbol{B}^{-1}\boldsymbol{b} \\ \boldsymbol{0} \end{pmatrix} \tag{4-80}$$

②计算 $\boldsymbol{r} = \boldsymbol{C}_N - \boldsymbol{C}_B \boldsymbol{B}^{-1} \boldsymbol{N}$，若 $\boldsymbol{r}$ 的分量为非负，则已得到最优解，停止计算。否则转入下一步。

③在所有r_i的分量均为非负中，找出绝对值最大的负数值所对应的非基变量，用x_1表示。

④为保持解的可行性，用x_l前的系数a_{jl}除对应的常数b_{jl}，即 $\dfrac{b_j}{a_{jl}}$ $(j = 1, 2, \cdots, m)$，取其中最小值，记为$\dfrac{b_k}{a_{kl}}$，即存在

$$\frac{b_k}{a_k} = \min \left(\frac{b_1}{a_{1l}}, \frac{b_2}{a_{2l}}, \cdots, \frac{b_m}{a_{ml}} \right) \tag{4-81}$$

4.4　最小二乘法

对于不相容的线性方程组（$AX = B$），其中 A 是一个 $m \times n$ 的矩阵，X 是一个 $n \times l$ 的向量，B 是一个 $m \times l$ 的向量。由于该方程组无精确解，因此我们只好设法找出方程组在某种意义下的最优近似解。如果存在近似解 $\tilde{x} = (\tilde{x}_1, \tilde{x}_2, \cdots, \tilde{x}_i)$，即称 $\tilde{x}$ 为方程组的最小二乘解。

勒让德认为，最小二乘法需要让误差的平方和最小估计出来的模型是最接近真实情形的（误差＝真实值－理论值），也可以说最佳的拟合准则是使 y_i 与 $f(x_i)$ 的距离的平方和最小，即：

$$L = \sum_{i=1}^{n} (y_i - f(x_i))^2 \tag{4-82}$$

假设真实的模型参数为 θ，模型的真实输出为 $f_\theta(x_i)$，由于测量中存在的各种问题，我们观测到的样本 y_i 距离真实值都是存在误差的，这个误差项记为 ε。那么根据高斯误差分析的结论，误差项应当满足 $\varepsilon \sim N(0, \sigma^2)$，则每个观测样本 y_i 应该有：$y_i \sim N(f_\theta(x_i), \sigma^2)$，即观察到的样本 y_i 是由理论值（模型的真实输出）$f_\theta(x_i)$ 叠加上高斯噪声得到的，再从概率统计角度出发，将观测样本看作随机变量，其中随机变量 y_i 符合概率分布 $y_i \sim N(f_\theta(x_i), \sigma^2)$，对其利用极大似然估计思想推导，极大似然估计的思想是指最大化当前这个样本集发生的概率，即最大化似然函数（likelihood function），其中似然函数就是样本的联合概率。由于我们通常假设样本是相互独立的，因此联合概率就是每个样本发生的概率乘积。在这个问题中，每个样本 y_i 的发生概率为

$$p(y_i \mid x_i; \theta) = \frac{1}{\sqrt{2\pi}\sigma} \exp\left(-\frac{(y_i - f_\theta(x_i))^2}{2\sigma^2}\right) \tag{4-83}$$

则似然函数为

$$L(\theta) = \prod_{i=1}^{m} p(y_i \mid x_i; \theta) = \prod_{i=1}^{m} \frac{1}{\sqrt{2\pi}\sigma} \exp\left(-\frac{(y_i - f_\theta(x_i))^2}{2\sigma^2}\right) \tag{4-84}$$

一般来说，我们会对似然函数取 log 以将连乘变成累加，主要有两个目的：防止溢出和方便求导，则有

$$
\begin{aligned}
J(\theta) &= \log(L(\theta)) \\
&= \sum_{i=1}^{m} \log p(y_i \mid x_i; \theta) \\
&= \sum_{i=1}^{m} \left(\log \frac{1}{\sqrt{2\pi}\sigma} \exp\left(-\frac{(y_i - f_\theta(x_i))^2}{2\sigma^2}\right)\right) \\
&= -\frac{1}{2\sigma^2} \sum_{i=1}^{m} (y_i - f_\theta(x_i))^2 - m\ln\sigma\sqrt{2\pi}
\end{aligned}
\tag{4-85}
$$

去掉不包含 θ 的常数项以及系数，则有：

$$\arg \max_{\theta} J(\theta) \Leftrightarrow \arg \min_{\theta} \sum_{i=1}^{m} (y_i - f_{\theta}(x_i))^2 \tag{4-86}$$

即极大化似然函数等价于极小化最小二乘法的代价函数，这也表明了以误差平方和作为最佳拟合准则的合理性。因此，可以将最小二乘法看作误差满足正态分布的极大似然估计。

采用最小二乘法平差时，设观测方程为

$$L = BX + \Delta \tag{4-87}$$

其中，$\underset{n \times t}{B}$ 的秩 $r(B) = t$，$E(\Delta) = 0$，$D(\Delta) = D_\Delta$。

误差方程为

$$V = B\hat{X} - L \tag{4-88}$$

其中，待估参数可以表示为参数初值与改正数之和的形式：

$$\hat{X} = X^0 + \hat{x} \tag{4-89}$$

将式（4-89）代入式（4-88）并记 $l = L - BX^0$，可得

$$V = B\hat{x} - l \tag{4-90}$$

最小二乘法的主要思想是求被估计量（待估参数）估值$\hat{X}$，使下列二次型达到最小值，即

$$\psi(\hat{X}) = V^T PV = (B\hat{X} - L)^T P(B\hat{X} - L) \tag{4-91}$$

其中，P 是一个合适的对称正定常数阵，待估参数估值被称为 X 的最小二乘估值，记为$\hat{X}_{LS}$或$\hat{X}_{LS}(L)$。当参数 X 的各个分量之间没有确定的函数关系，即它们是函数独立的参数时，可将 $\psi(\hat{X})$ 对$\hat{X}$求自由极值，令其一阶导数为零，得：

$$\frac{\partial \psi(\hat{X})}{\partial \hat{X}} = 2V^T P \frac{\partial V}{\partial \hat{X}} = 2V^T PB = 0 \tag{4-92}$$

转置后，得

$$B^T PV = B^T P(B\hat{X} - L) = 0 \rightarrow B^T PB\hat{X} = B^T PL \rightarrow \hat{X} = (B^T PB)^{-1} B^T PL \tag{4-93}$$

又因为

$$\frac{\partial^2 \psi(\hat{X})}{\partial \hat{X}^2} = 2B^T PB \tag{4-94}$$

因为 P 是一个正定矩阵，由 Hessian 矩阵判定法可知，$\hat{X}$使 $\psi(\hat{X})$ 达到极小值。

最小二乘估计量$\hat{X}$的估计误差为

$$\Delta_{\hat{x}} = X - \hat{X} = X - (B^T PB)^{-1} B^T P(BX + \Delta) = -(B^T PB)^{-1} B^T P\Delta \tag{4-95}$$

式（4-95）按协方差传播定律可得$\hat{X}$的误差方阵差为

$$D(\Delta_{\hat{x}}) = (B^T PB)^{-1} B^T P D_\Delta PB (B^T PB)^{-1} \tag{4-96}$$

将对称正定阵D_Δ表示成$D_\Delta = R^T R$（R 为可逆矩阵），并令

$$\begin{cases} a = \boldsymbol{B}^{\mathrm{T}} \boldsymbol{R}^{-1} \\ b = \boldsymbol{RPB}(\boldsymbol{B}^{\mathrm{T}}\boldsymbol{PB})^{-1} \end{cases} \tag{4-97}$$

则得 $ab = \boldsymbol{B}^{\mathrm{T}}\boldsymbol{R}^{-1}\boldsymbol{RPB}(\boldsymbol{B}^{\mathrm{T}}\boldsymbol{PB})^{-1} = \boldsymbol{E}$，且由矩阵型施瓦兹不等式可得

$$D(\boldsymbol{\Delta}_{\hat{x}}) = b^{\mathrm{T}}b \geqslant (ab)^{\mathrm{T}}(aa^{\mathrm{T}})^{-1}(ab) = (aa^{\mathrm{T}})^{-1} \tag{4-98}$$

即

$$D(\boldsymbol{\Delta}_{\hat{x}}) = (\boldsymbol{B}^{\mathrm{T}}\boldsymbol{PB})^{-1} \boldsymbol{B}^{\mathrm{T}}\boldsymbol{PD}_{\Delta}\boldsymbol{PB}(\boldsymbol{B}^{\mathrm{T}}\boldsymbol{PB})^{-1} \geqslant (\boldsymbol{B}^{\mathrm{T}}\boldsymbol{D}_{\Delta}\boldsymbol{B})^{-1} \tag{4-99}$$

只有当 $\boldsymbol{P} = \boldsymbol{P}_{\Delta} = \boldsymbol{D}_{\Delta}^{-1}$ 或 $\boldsymbol{P} = \boldsymbol{P}_{\Delta} = \boldsymbol{D}_{\Delta}^{-1}\sigma_0^2$（$\sigma_0^2$ 为常数）时式（4-99）方可取等号，使误差方差阵达到最小，此时有

$$D(\boldsymbol{\Delta}_{\hat{x}}) = \mathrm{Var}(\boldsymbol{\Delta}_{\hat{x}}) = (\boldsymbol{B}^{\mathrm{T}}\boldsymbol{D}_{\Delta}^{-1}\boldsymbol{B})^{-1} = (\boldsymbol{B}^{\mathrm{T}}\boldsymbol{PB})^{-1}\sigma_0^2 \tag{4-100}$$

我们将 $\boldsymbol{P}$ 取 $\boldsymbol{D}_{\Delta}^{-1}$ 或 $\boldsymbol{D}_{\Delta}^{-1}\sigma_0^2$ 时的估计称为马尔科夫估计，此时应将估计准则写为

$$\boldsymbol{V}^{\mathrm{T}} \boldsymbol{P}_{\Delta}\boldsymbol{V} = \min \tag{4-101}$$

综上所述，最小二乘估计具有以下性质：

（1）最小二乘估计是一种线性估计，即 $\boldsymbol{X}$ 的估计量是 $\hat{\boldsymbol{X}}_{\mathrm{LS}}$ 观测值的线性函数。

（2）当观测误差的数学期望为 $E(\boldsymbol{\Delta}) = \boldsymbol{0}$ 时，因为 $E(\boldsymbol{L}) = \boldsymbol{BX}$，所以

$$E(\hat{\boldsymbol{X}}_{\mathrm{LS}}) = (\boldsymbol{B}^{\mathrm{T}}\boldsymbol{PB})^{-1} \boldsymbol{B}^{\mathrm{T}}\boldsymbol{PE}(\boldsymbol{L}) = (\boldsymbol{B}^{\mathrm{T}}\boldsymbol{PB})^{-1} \boldsymbol{B}^{\mathrm{T}}\boldsymbol{PBX} = \boldsymbol{X} \tag{4-102}$$

即 $\hat{\boldsymbol{X}}_{\mathrm{LS}}$ 具有无偏性。

（3）当观测误差的方差阵为 $\boldsymbol{D}_{\Delta}$，而取 $\boldsymbol{P} = \boldsymbol{D}_{\Delta}^{-1}$ 或 $\boldsymbol{P} = \boldsymbol{D}_{\Delta}^{-1}\sigma_0^2$ 时，$\hat{\boldsymbol{X}}_{\mathrm{LS}}$ 的误差方差阵达到最小值。

（4）最小二乘估计不需要 $\boldsymbol{X}$ 的任何先验统计信息。当完全不考虑其先验统计信息时，由 $\boldsymbol{L} = \boldsymbol{BX} + \boldsymbol{\Delta}$ 和 $\hat{\boldsymbol{X}} = (\boldsymbol{B}^{\mathrm{T}}\boldsymbol{PB})^{-1}\boldsymbol{B}^{\mathrm{T}}\boldsymbol{PL}$ 及协方差传播率可知

$$D_L = D_{\Delta} \tag{4-103}$$

$$\begin{aligned} D_{x_{\mathrm{LS}}} &= (\boldsymbol{B}^{\mathrm{T}}\boldsymbol{PB})^{-1} \boldsymbol{B}^{\mathrm{T}}\boldsymbol{PD}_L ((\boldsymbol{B}^{\mathrm{T}}\boldsymbol{PB})^{-1} \boldsymbol{B}^{\mathrm{T}}\boldsymbol{P})^{\mathrm{T}} \\ &= (\boldsymbol{B}^{\mathrm{T}}\boldsymbol{PB})^{-1} \boldsymbol{B}^{\mathrm{T}}\boldsymbol{PD}_{\Delta}\boldsymbol{PB} (\boldsymbol{B}^{\mathrm{T}}\boldsymbol{PB})^{-1} \end{aligned} \tag{4-104}$$

$$\begin{aligned} \boldsymbol{\Delta}_{\hat{x}} &= -(\boldsymbol{B}^x\boldsymbol{PB})^{-1} \boldsymbol{B}^x\boldsymbol{P}\boldsymbol{\Delta} \to D(\boldsymbol{\Delta}_{\hat{x}}) \\ &= (\boldsymbol{B}^{\mathrm{T}}\boldsymbol{PB})^{-1} \boldsymbol{B}^{\mathrm{T}}\boldsymbol{PD}_{\Delta}\boldsymbol{PB}(\boldsymbol{B}^{\mathrm{T}}\boldsymbol{PB})^{-1} \end{aligned} \tag{4-105}$$

$$D_{\hat{x}_{\mathrm{LS}}} = D_{\Delta_{\hat{x}_{\mathrm{LS}}}} \tag{4-106}$$

即参数估值的方差与参数估计误差的方差相等。

4.5 椭圆模型

椭圆模型在三维点云建模中的应用广泛，它可通过椭圆滤波器提高数据的精度。椭圆滤波器（elliptic filter）又称考尔滤波器（cauer filter），是在通带和阻带等波纹的一种滤波器。椭圆滤波器相比其他类型的滤波器，在阶数相同的条件下有着最小的通带和阻带波动。它在通带和阻带的波动相同，这一点区别于在通带和阻带都平坦的巴特沃斯滤波器，以及通带平坦、阻带等波纹或是阻带平坦、通带等波纹的切比雪夫滤波器。从传递函数来看，巴特沃斯和切比雪夫滤波器的传输函数都是一个常数除以一个多项式，

为全极点网络，仅在无限大阻带处衰减为无限大，而椭圆函数滤波器在有限频率上既有零点又有极点。极点和零点在通带内产生等波纹，阻带内的有限传输零点减少了过渡区，可获得极为陡峭的衰减曲线。也就是说，在阶数相同的条件下，椭圆滤波器相比于其他类型的滤波器，能获得更窄的过渡带宽和较小的阻带波动，就这点而言，椭圆滤波器是优秀的。椭圆滤波器陡峭的过渡带特性是用通带和阻带的起伏为代价来换取的，并且在通带和阻带的波动相同，这一点区别于在通带和阻带都平坦的巴特沃斯滤波器，以及通带平坦、阻带等波纹或是阻带平坦、通带等波纹的切比雪夫滤波器。

椭圆低通滤波器是一种零点、极点型滤波器，它可在特定的频率范围内实现精确的频率选择。椭圆低通滤波器的通带和阻带具有等波纹特性，因此通带与阻带的逼近特性良好。在相同性能要求下，它所需的阶数较低，而且它的过渡带比较窄。椭圆柱面滤波模型中的参数有两类：点云分割时的区域间隔（长度）d 和分割参数与椭圆拟合时的迭代参数 K。两类参数共同影响最后的滤波效果，将滤除非点后剩余的点数 M 在滤波前总点数 N 中所占百分比 T 作为选取参数的评价指标，d 和 K 两个参数要满足在不含非点的情况下 T 的取值最大，表示非点得到滤除，点得到最大限度保留。

$$T = \frac{M}{N} \times 100\% \tag{4-107}$$

在精密工程测量与变形监测中，我们可以采用最小二乘法拟合椭圆模型，将椭圆的一般方程表达为

$$x^2 + Axy + By^2 + Cx + Dy + E = 0 \tag{4-108}$$

假设现在采集到了多个测量点 $P_i(x_i, y_i)$，根据最小二乘法原理，所拟合的目标函数为

$$F(A, B, C, D, E) = \sum_{i=1}^{n} (x_i^2 + x_i y_i A + y_i^2 B + x_i C + y_i D + E)^2 \tag{4-109}$$

为了使 F 最小，需使得 F 的各项偏导为 0，即

$$\frac{\partial F}{\partial A} = \frac{\partial F}{\partial B} = \frac{\partial F}{\partial C} = \frac{\partial F}{\partial D} = \frac{\partial F}{\partial E} = 0 \tag{4-110}$$

可以得到方程：

$$\begin{bmatrix} \sum x_i^2 y_i^2 & \sum x_i y_i^3 & \sum x_i^2 y_i & \sum x_i y_i^2 & \sum x_i y_i \\ \sum x_i y_i^3 & \sum y_i^4 & \sum x_i y_i^2 & \sum y_i^3 & \sum y_i^2 \\ \sum x_i^2 y_i & \sum x_i y_i^2 & \sum x_i^2 & \sum x_i & \sum x_i \\ \sum x_i y_i^2 & \sum y_i^3 & \sum x_i y_i & \sum y_i^2 & \sum y_i \\ \sum x_i y_i & \sum y_i^2 & \sum x_i & \sum y_i & N \end{bmatrix} = - \begin{bmatrix} \sum x_i^3 y_i \\ \sum x_i^2 y_i^2 \\ \sum x_i^2 y_i^3 \\ \sum x_i^2 y_i \\ \sum x_i^2 y_i \end{bmatrix} \tag{4-111}$$

可以表示为

$$\boldsymbol{M}_1 \begin{bmatrix} A \\ B \\ C \\ D \\ E \end{bmatrix} = \boldsymbol{M}_2 \tag{4-112}$$

可以得到

$$\begin{bmatrix} A \\ B \\ C \\ D \\ E \end{bmatrix} = \boldsymbol{M}_1^{-1} \boldsymbol{M}_2 \tag{4-113}$$

由此解得椭圆模型的各项参数 A、B、C、D、E，即可将其代入原式求解模型。

当将椭圆模型应用于三维建模时，主要采用的是椭圆柱面模型，其利用拟合的中轴线对点云数据进行分割，需要选择合理的参数 d。如果 d 过大，所截区域与椭圆柱面模型会有较大差异，影响滤波效果；当 d 较小时，将增加运算时间。以两倍中误差对分割后的点云迭代滤波为例，如果迭代次数过少，则不能将非点云数据完全滤除；反之，会过多滤除模型中的点。

经过区域分割后的点云呈椭圆柱面分布且与 X 轴平行，因此，利用点云的 Y、Z 坐标即可将离散点集拟合为椭圆曲线，拟合方程式为

$$\frac{(y-y_0)^2}{a^2} + \frac{(z-z_0)^2}{b^2} = 1 \tag{4-114}$$

式中：a、b——拟合椭圆的长、短半轴；

(y_0, z_0)——拟合椭圆的中心坐标。

将式（4-114）转化为线性平差模型解算：

$$m_0 y^2 + m_1 y + m_2 z^2 + m_3 z - 1 = 0 \tag{4-115}$$

由式（4-115）解算出参数 m_0、m_1、m_2、m_3，可得拟合椭圆的中心坐标、长半轴、短半轴：

$$\begin{cases} y_0 = -\dfrac{m_1}{2m_0}, z_0 = -\dfrac{m_3}{2m_2} \\[2mm] a = \sqrt{\dfrac{1 + m_2 \cdot z_0{}^2 + m_0 \cdot y_0{}^2}{m_0}} \\[2mm] b = \sqrt{\dfrac{1 + m_0 \cdot y_0{}^2 + m_2 \cdot z_0{}^2}{m_2}} \end{cases} \tag{4-116}$$

由于分割区域内包含有大量的非点，因此，可采用迭代拟合方法对这些非点进行滤除。可得分割区域内单个扫描点在拟合中的误差 δ_i 及椭圆曲线的拟合均方差 σ：

$$\delta_i = \left| m_0 y_i^2 + m_1 y_i + m_2 z_i^2 + m_3 z_i - 1 \right| \tag{4-117}$$

$$\sigma = \sqrt{\sum_{i=1}^{n} \frac{\delta_i^2}{n}} \tag{4-118}$$

式中：n——分割区域内的扫描点数。

根据最小二乘法原理并考虑隧道变形监测精度的要求，以两倍中误差作为去噪准则（以 2σ 作为去噪限差），即当 $\delta_i \geq 2\sigma$ 时，将该点视为非点并予以滤除。然后对剩余的点再次进行椭圆曲线拟合及滤波，反复迭代直至相邻两次迭代椭圆的长、短半轴变化量 Δa、Δb 均小于给定的迭代参数 K 为止。

将滤波后的点云转换至原坐标系下，则有

$$[X \quad Y \quad Z]_0^T = R_\theta^- R_\alpha^- R_\beta^- [X \quad Y \quad Z]_2^T \tag{4-119}$$

5 变形分析与建模的基本理论与方法

5.1 回归分析方法

随着现代科学技术的发展和计算机应用水平的提高，各种理论和方法为变形分析和变形预报提供了广泛的研究途径。由于变形体变形机理的复杂性和多样性，需要结合地质、力学、水文等相关学科的信息和方法，引入数学、数字信号处理、系统科学以及非线性科学的理论，采用数学模型来逼近、模拟和揭示变形体的变形规律和动态特征，为工程设计和灾害防治提供科学的依据。本章对变形分析与建模的基本理论与方法进行了介绍。

5.1.1 曲线拟合

曲线拟合是趋势分析法中的一种，又称曲线回归、趋势外推或趋势曲线分析。它也是目前较为流行的定量预测方法。

人们常用光滑曲线来近似描述事物发展的基本趋势，即

$$Y_t = f(t, \theta) + \varepsilon_t \tag{5-1}$$

其中，Y_t 为预测对象；ε_t 为预测误差；$f(t, \theta)$ 根据不同情况和假设，可取不同的形式，其中的 θ 代表某些待定的参数。下面是几类典型的趋势模型。

（1）多项式趋势模型：

$$Y_t = \alpha_0 + \alpha_1 t + \cdots + \alpha_n t^n \tag{5-2}$$

（2）对数趋势模型：

$$Y_t = \alpha + b \ln t \tag{5-3}$$

（3）幂函数趋势模型：

$$Y_t = \alpha t^b \tag{5-4}$$

（4）指数趋势模型：

$$Y_t = \alpha e^{bt} \tag{5-5}$$

（5）双曲线趋势模型：

$$Y_t = \alpha + \frac{b}{t} \tag{5-6}$$

（6）修正指数模型：

$$Y_t = L - \alpha e^{bt} \tag{5-7}$$

（7）逻辑斯蒂模型：

$$Y_t = \frac{L}{1 + \mu e^{-bt}} \tag{5-8}$$

（8）龚伯茨模型：

$$Y_t = L\exp[-\beta e^{-\theta t}] \tag{5-9}$$

这里限于篇幅，仅介绍一种简洁实用的趋势曲线分析法——多项式趋势模型的拟合应用实例。

由于任一连续函数都可用分段多项式来逼近，所以在实际问题中，不论变量 Y_t 与其他变量的关系如何，我们总可以用多项式趋势模型来拟合比较复杂的曲线。

对工程建筑物的变形观测而言，Y_t 可以是对应于变形过程线图上的某一个变形点的累积变形值，t 是对应的时间，式（5-2）也可以是某一个变形点的累积变形值和某影响因子（如水位）之间的关系表达式。由于是采用多项式趋势模型进行拟合，多项式趋势模型中的阶数 n 事先并不知道，很多具体应用时为了简便计算会直接取 $n=4$ 或 $n=5$。比较科学的方法是采用对 n 添项增加的建模法。具体方法如下。

从 $n=k=1$ 开始，逐次升高。每增添一项，拟合一次多项式，并估计出系数 $\hat{\alpha}_j (j=1,2,\cdots)$ 和残差平方和 $rs(k)$，两次拟合作统计检验：

$$\frac{rs(k-1) - rs(k)}{rs(k)/(N-k-1)} \sim F_\alpha(1, N-k-1) \tag{5-10}$$

一般情况下，当 $k=1$ 或 $k=2$ 时，$rs(k)$ 将有较大幅度的下降，说明 t^k 项的添加对 Y_t 的影响显著。然而，随着 k 的增加，当新添 t^{k+1} 项不能使残差平方和显著下降时，表明拟合的多项式已较优地表达了 Y_t 的函数关系。下一步，再进行相关指数的计算。

5.1.2 多元线性回归分析

经典的多元线性回归分析仍然广泛应用于变形观测的数据处理，它是研究一个变量（因变量）与多个因子（自变量）之间非确定关系（相关关系）的最基本方法。该方法通过分析所观测的变形（效应量）和外因（原因）之间的相关性，来建立荷载—变形之间关系的数学模型。其数学模型是：

$$y_t = \beta_0 + \beta_1 x_{t1} + \beta_2 x_{t2} + \cdots \beta_p x_{tp} + \varepsilon \tag{5-11}$$
$$(t = 1, 2, \cdots, n)$$
$$\varepsilon \sim N(0, \sigma^2)$$

其中，下标 t 表示观测值变量，共有 n 组成观测数据，p 表示因子个数。具体分析步骤如下：

（1）建立多元线性回归方程。

多元线性回归数学模型如式（5-11）所示，用矩阵表示为

$$\boldsymbol{y} = \boldsymbol{x\beta} + \boldsymbol{\varepsilon} \tag{5-12}$$

其中，y 为 n 维变形量的观测向量（因变量）；$y = (y_1, y_2, \cdots y_n)^T$，$x$ 是 $n \times (p+1)$ 阶矩阵；$\pmb{\beta}$ 是待估计参数向量（回归系数向量），$\pmb{\beta} = (\beta_0, \beta_1, \cdots, \beta_p)^T$；$\pmb{\varepsilon}$ 是服从同一正态分布 $[N(0, \sigma^2)]$ 的 n 维随机向量，$\pmb{\varepsilon} = (\varepsilon_1, \varepsilon_2, \cdots \varepsilon_n)^T$。多元线性回归模型的元素是可以精确测量或可控制的一般变量的观测值（函数），其形式为

$$x = \begin{bmatrix} 1 & x_{11} & x_{12} & \cdots & x_{1p} \\ 1 & x_{21} & x_{22} & \cdots & x_{2p} \\ \vdots & \vdots & \vdots & & \vdots \\ 1 & x_{n1} & x_{n2} & \cdots & x_{np} \end{bmatrix} \tag{5-13}$$

由最小二乘原理可求得 $\pmb{\beta}$ 的估值 $\hat{\pmb{\beta}}$ 为

$$\hat{\pmb{\beta}} = (x^T x)^{-1} x^T y \tag{5-14}$$

事实上，多元线性回归数学模型只是我们对问题初步分检所得的一种假设，因此在求得多元线性回归方程后，还需要对其进行统计检验。

（2）回归方程显著性检验。

在实际问题中，我们事先并不能断定因变量 y 与自变量 x_1，x_2，$\cdots$，x_p 之间是否确有线性关系。在求线性回归方程之前，线性回归数学模型只是一种假设。尽管这种假设常常是有根据的，但在求得线性回归方程后，还是需要对线性回归方程进行统计检验，以给出肯定或者否定的结论。如果因变量 y 与自变量 x_1，x_2，$\cdots$，x_p 之间不存在线性关系，则模型（5-11）中的 $\pmb{\beta}$ 多为零向量，即原假设为

$$H_0 : \pmb{\beta}_1 = 0, \pmb{\beta}_2 \sim \pmb{\beta}_p = 0$$

将此原假设作为模型（5-11）的约束条件，求得统计量

$$F = \frac{S_{\text{回}} / p}{S_{\text{测}} / (n - p - 1)} \tag{5-15}$$

其中，$S_{\text{回}} = \sum\limits_{i=1}^{n} (\hat{y}_i - \bar{y}_i)^2$（称为线性回归和）；$S_{\text{测}} = \sum\limits_{i=1}^{n} (y_i - \hat{y}_i)^2$（称为剩余平方和或残差平方和）；$\bar{y} = \frac{1}{n} \sum\limits_{i=1}^{n} y_i$。

在原假设成立时，统计量 F 应服从 $F(p, n-p-1)$ 分布，故在选择显著水平 α 后，可用式（5-16）检验原假设，其表达式为

$$p\{F | \geqslant F_{1-\alpha, p, n-p} | H_0\} = \alpha \tag{5-16}$$

对回归方程的有效性（显著性）进行检验，若式（5-16）成立，则认为在显著水平 α 下 y 对 $x_1, x_2, \cdots, x_p$ 有显著的线性关系，回归方程是显著的。

（3）回归性系数显著性检验。

回归方程显著，并不意味着每个自变量 $x_1, x_2, \cdots, x_p$ 对因变量 y 的影响都显著，我们总想从回归方程中剔除那些可有可无的变量，重新建立更为简单的线性回归方程。如果某个变量 x_p 对 y 的作用不显著，则模型（5-11）中的系数 β_p 应该取为零，因此，检验因子 x_p 是否显著的原假设应为

$$H_0 : \beta_p = 0$$

由模型（5-11）可估算求得：

$$E(\hat{\beta}_p) = \beta_p$$

$$D(\hat{\beta}_p) = c_{jj}\sigma^2$$

其中，c_{jj} 为矩阵 $(\boldsymbol{x}^{\mathrm{T}}\boldsymbol{x})^{-1}$ 的主对角线上第 j 个元素。于是在原假设成立时，统计量

$$(\hat{\beta}_p - \beta_p)/\sqrt{c_{jj}\sigma^2} \sim N(0,1)$$

$$(\hat{\beta}_p - \beta_p)^2/c_{jj}\sigma^2 \sim \chi^2(1)$$

$$S_{\text{剩}}/\sigma^2 \sim \chi^2(n-p-1)$$

故可组成检验原假设的统计量：

$$\frac{\hat{\beta}_p^2/c_{jj}}{S_{\text{剩}}/(n-p-1)} \sim F(1,n-p-1) \tag{5-17}$$

它在原假设成立时服从 $F(1,n-p-1)$ 分布。分子 $\hat{\beta}_p^2/c_{jj}$ 通常又称为因子 x_j | 的偏回归平方和。选择相应的显著水平 α，可由表查得分位值 $F_{1-\alpha,1,n-p-1}$。若统计量 F | $>$ $F_{1-\alpha,1,n-p-1}$，则认为回归系数 $\hat{\beta}_p$ 在 $1-\alpha$ 的置信度下是显著的；否则是不显著的。

在进行回归因子显著性检验时，由于各因子之间的相关性，当从原回归方程中剔除一个变量时，其他变量的回归系数将会发生变化，有时甚至会引起符号的变化，因此，对回归系数进行一次检验后，只能剔除其中的一个因子，然后重新建立新的回归方程，再对新的回归系数逐个进行检验，重复以上过程，直到余下的回归系数都显著为止。

5.1.3　逐步回归计算

逐步回归计算是建立在 F 检验的基础上逐个接纳显著因子进入回归方程。当回归方程接纳一个因子后，由于因子之间的相关性，可使原先已在回归方程中的其他因子变成不显著，需要从回归方程中剔除。所以在接纳一个因子后，必须对回归方程中的所有因子的显著性进行 F 检验，剔除不显著的因子，直到没有不显著因子后，再对未选入回归方程的其他因子用 F 检验来考虑是否接纳进入回归方程（一次只接纳一个）。反复运用 F 检验进行剔除和接纳，直到得到所需的最佳回归方程。

逐步回归的计算过程可概括如下：

（1）由定性分析得到对因变量 y 的影响因子有 t 个，分别由每一个因子建立 1 个一元线性回归方程，求解相应的残差平方和 $S_{\text{测}}$，选其最小的 $S_{\text{测}}$ 对应的因子作为第一个因子入选回归方程。对该因子进行 F 检验，当其影响显著时，接纳该因子进入回归方程。

（2）对余下的 $t-1$ 个因子，再分别依次选一个，建立二元线性方程（共有 $t-1$ 个）。计算它们的残差平方和及各因子的偏回归平方和，选择与 $\max(\hat{\beta}_p^2/c_{jj})$ 对应的因子为预选因子，作 F 检验，若影响显著，则接纳此因子进入回归方程。

（3）选第三个因子，方法同（2），则共可建立 $t-2$ 个三元线性回归方程，计算它们的残差平方和及各因子的偏回归平方和。同样，选择 $\max(\hat{\beta}_p^2/c_{jj})$ 的因子为预选因子，作 F 检验，若影响显著，则接纳此因子进入回归方程。在选入第三个因子后，对

原先已选入的回归方程的因子重新进行显著性检验，在检验出不显著因子后，应将它剔除回归方程，然后继续检验已入选的回归方程因子的显著性。

（4）在确认选入回归方程的因子均为显著因子后，则继续从未选入方程的因子中挑选显著因子进入回归方程，其方法与步骤（3）相同。反复运用 F 检验进行因子的剔除与接纳，直至得到所需的回归方程。

多元线性回归分析应用于变形观测数据处理与变形预报主要包括以下两个方面：

①变形的成因分析。当式（5－11）中的自变量 $x_{t1}, x_{t2}, \cdots, x_{tp}$ 为因变量的各个不同影响因子时，可用来分析与解释变形与变形原因之间的因果关系。

②变形的预测预报。当式（5－11）中的自变量 $x_{t1}, x_{t2}, \cdots, x_{tp}$ 在 t 时刻的值为已知值或可观测值时，可预测变形体在同一时刻的变形大小。

在式（5－11）中，由于自变量 $x_{ti}(i=1,2,\cdots,p)$ 是确定性因素，$\{y_t\}$ 的统计性质由 ε 确定，$\{y_t\}$ 序列彼此相互独立，都是同一总体 y 的不同次独立随机抽样值，所以式（5－11）反映了变形值相对于自变量 $x_{ti}(i=1,2,\cdots,p)$ 之间在同一时刻的相关性，而没有体现变形观测序列的时序性、相互依赖性以及变形的继续性。因此，多元线性回归分析应用于变形观测数据处理是一种静态的数据处理方法，所建立的模型是一种静态模型。

5.2 时间序列分析

5.2.1 概述

无论是按时间序列排列的观测数据还是按空间位置顺序排列的观测数据，数据之间或多或少存在统计自相关现象。然而长期以来，变形监测的数据分析与处理都是假设观测数据是统计上独立或互不相关的，如回归分析法等。这类统计方法是一种静态的数据处理方法，从严格意义上说，它不能直接应用于所考虑的数据是统计相关的情况。

时间序列分析是 20 世纪 20 年代后期开始出现的一种动态数据处理方法。时间序列分析的特点在于：逐次的观测值通常是不独立的，且分析时必须考虑到观测资料的时间顺序，当逐次观测值相关时，未来的观测数值可以由过去观测资料来预测。因此可以利用观测数据之间的自相关性，建立相应的数学模型来描述客观现象的动态特征。

时间序列分析的基本思想：对于平稳、正常、零均值的时间序列 $\{x_t\}$，若 x_t 的取值不仅与前 n 步的各个取值 $x_{t-1}, x_{t-2}, \cdots, x_{t-n}$ 有关，而且还与前 m 步的各个干扰 a_{t-1}, $a_{t-2}, \cdots, a_{t-m}$ 有关，则按多元线性回归的思想，可得到最一般的 ARMA 模型：

$$x_t = \varphi_1 x_{t-1} + \varphi_2 x_{t-2} + \cdots + \varphi_n x_{t-n} - \theta_1 a_{t-1} - \theta_2 a_{t-2} - \cdots - \theta_m a_{t-m} + a_t$$

$$(5-18)$$

$$a_t \sim N(0, \sigma_a^2)$$

其中，$\varphi_i (i=1,2,\cdots,n)$ 称为自回归参数；$\theta_j (j=1,2,\cdots,m)$ 称为滑动干均参数；$\{a_t\}$ 这一序列为白噪声序列。

特殊地，当 $\theta_1 = 0$ 时，模型（5-18）变为

$$x_t = \varphi_1 x_{t-1} + \varphi_2 x_{t-2} + \cdots + \varphi_n x_{t-n} + a_t \tag{5-19}$$

式（5-19）称为 n 阶自回归模型，记为 AR(n)。

当 $\varphi_i = 0$ 时，模型（5-18）变为

$$x_t = a_t - \theta_1 a_{t-1} - \cdots - \theta_m a_{t-m} \tag{5-20}$$

式（5-20）称为 m 阶滑动平均模型，记为 MA(m)。

ARMA(n,m) 模型是时间序列分析中最具代表性的一类线性模型。它与回归模型的根本区别在于：回归模型可以描述随机变量与其他变量之间的相关关系。但是，对于一组随机观测数据 $x_1, x_2, \cdots, x_t$，即一个时间序列 $\{x_t\}$，它却不能描述其内部的相关关系；另外，某些随机过程与另一些变量取值之间的随机关系往往无法用任何函数关系式来描述。这时，需要采用这个随机过程本身的观测数据之间的依赖关系来揭示其规律性。x_t 和 $x_{t-1}, x_{t-2}, \cdots, x_{t-n}$ 同属于时间序列 $\{x_t\}$，是序列中不同时刻的随机变量，彼此相互关联，带有记忆性和继续性，是一种动态数据模型。

5.2.2　ARMA 模型建立的一般步骤

ARMA 模型建立的一般步骤如图 5.1 所示。

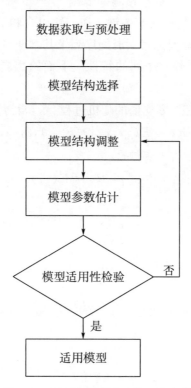

图 5.1　ARMA 模型建立的一般步骤

数据获取与预处理为建模的准备阶段，获取的初始数据要能准确真实地反映建模系统的行为状态，再对数据进行分析和检验，主要包括粗差（奇异点）剔除和数据补损。采用 Box 法还需进行正态性、平稳性和零均值性的检验，对不符合平稳化要求的序列进行数据的预处理，处理方法主要有差分处理和提取趋势项两种。而采用 DSS 法对数据的平稳化处理则可灵活进行。

模型结构选择是对模型的结构、类别的初步确定。确定模型的结构、类别需要选择建模方法，Box 法运用自相关分析法来判定模型的类别、阶次，DSS 法则先用统一的模型结构 ABMA$(2n,2n-1)$ 进行处理。

模型参数估计与模型适用性检验是建模的关键步骤。模型结构确定后，就要对模型的参数按照一定的原则进行估计，从而得到一个完整的时序模型。如何确定所建模型就是最佳模型呢？此时需要对模型进行适用性检验，以便最终确定适用模型。不适用的模型则返回模型结构调整阶级，经反复调整模型参数并检验后，最终得到适用模型。

5.2.3 ARMA 的 Box 建模方法

Box 法又称 B-J 法，是以美国统计学家 Box 和 Jenkins 的名字命名的一种时间序列预测法。Box 法从统计学的观点出发，不论是模型形式还是阶数的判断，抑或是模型参数的初步估计和精确估计，都离不开相关函数。其建模过程主要包括数据检验与预处理、模型识别、模型参数估计、模型预测等步骤。

其中，模型识别是 Box 建模法的关键。Box 法以自相关分析为基础来识别模型与确定模型阶数，自相关分析就是通过对时间序列求其本期与不同滞后期的一系列自相关函数和偏相关函数，来识别时间序列的特性。下面给出自相关函数和偏相关函数的定义。

定义 1 一个平稳、正态、零均值的随机过程 $\{x_t\}$ 自协方差函数为

$$R_k = E(x_t, x_{t-k})(k = 1, 2, \cdots, n) \tag{5-21}$$

当 $k = 0$ 时，得到 $\{x_t\}$ 的方差函数 σ_x^2：

$$\sigma_x^2 = R_0 = E(x_t^2) \tag{5-22}$$

则自相关函数定义为

$$\rho_k = R_k / R_0 \tag{5-23}$$

显然，$0 \leqslant \rho_k \leqslant 1$。

自相关函数提供了时间序列及其构成的信息，即自相关函数对 MA 模型具有截尾性，而对 AR 模型不具备截尾性。

定义 2 已知 $\{x_t\}$ 为一平稳时间序列，若能选择适当的 k 个系数 $\varphi_{k1}, \varphi_{k2}, \cdots, \varphi_{kk}$ 将 x_t 表示为 x_{t-i} 的线性组合。

$$x_t = \sum_{i=1}^{k} \varphi_{ki} x_{t-i} \tag{5-24}$$

当这种表示误差方差

$$J = E\left[(x_t - \sum_{i=1}^{k} \varphi_{ki} x_{t-i})^2\right] \tag{5-25}$$

为极小时，则定义最后一个系数φ_{kk}为偏自相关函数。φ_{ki}的第一个下标k表示能满足定义的系数共有k个，第二个下标i表示这k个系数中的第i个。

5.2.4 动态数据库建模方法

动态数据库建模（Dynamic Data System，DDS）法是由吴贤铭教授团队在实践中形成的一种行之有效的建模方法。DDS法的特点是在建模中把工程中的系统分析方法和统计的时间序列方法结合起来，DDS法通常先建模再处理，主要采用前文中提及的ARMA(n，$n-1$)模型对动态数据进行拟合。而模型的阶数问题是确保精度的关键问题之一，而DDS法是从低价开始逐步增加阶数，由于取的模型阶数是（$n,n-1$）而不采取任意不同的（n,m）。这样，把二维参数的搜索问题降为一维的搜索问题，极大简化了问题的求解过程，可以更快地接近要求的结果。例如，当最适用模型是ARMA(5,3)时，如果由低到高逐个拟合，在用ARMA(n,m)模型和"穷举法"寻优时至少需要拟合22种模型，而在ARMA($n,n-1$)模型的情况下，只要拟合5种模型即可，计算更为简便。

DDS法的建模方案如图5.2所示，这种方案从$n=1$开始，首先拟合ARMA(2,1)模型，并进行适用性检验；若不适用，再令$n=n+1$拟合ARMA(4,3)模型，如此循环，直到确定出适用的ARMA($2n,2n-1$)模型。然后再回过头来降低自回归部分的阶次或滑动平均部分的阶次进行搜索，以得到阶次最低（参数最少）的适用模型ARMA(n,m)($n\leqslant 2n,m\leqslant 2n-1$)。

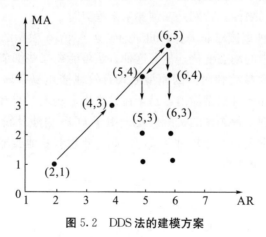

图5.2 DDS法的建模方案

5.2.5 三种建模方法的分析比较

在时间序列分析和预测中，组合法（超势拟合＋ARMA模型）、多项式拟合法和DDS法是三种不同的建模方法，每种方法都有其独特的应用场景和优势。

分析和比较上述三种建模方法，总结得到以下几点结论：

（1）组合法是一种有效的时间序列分析方法，它通过分步处理来揭示数据的趋势和周期性特征。这种方法首先从时间序列中分离出趋势成分，然后对剩余的平稳序列应用 ARMA 模型进行处理。通过这种方法，可以构建出能够准确预测未来值的模型。在组合法中，趋势提取的准确性对最终模型的质量至关重要。为了选择合适的趋势函数，通常需要对比多种回归模型，以确定最能准确拟合数据的模型。对于趋势提取后的残差部分，即随机序列，是否需要建立 ARMA 模型，取决于该序列的特性。如果 ARMA 模型能显著提高预测精度，那么建立该模型是有益的。但如果残差序列本身已经很平稳，进一步建立 ARMA 模型可能不会带来额外的预测优势，因为长期预测可能会趋向于序列的均值。此外，组合法在建模过程中涉及的工作量较大，且不容易实现自动化，同时模型结构相对复杂，包含的参数较多，这可能会增加模型的维护和解释难度。因此，在决定是否采用组合法时，需要权衡其预测效果与建模成本。

（2）多项式拟合是一种使用多项式函数来近似描述变量之间未知函数关系的方法。这种方法通常能够提供良好的逼近效果，因此在处理较为复杂的实际问题时，即使因变量与自变量之间的确切关系不明确，也可以采用多项式拟合进行分析和计算。由于其建模过程简便且有不错的逼近效果，多项式拟合在实际中的应用非常普遍。需要注意的是，在实际应用多项式拟合时选择的多项式次数通常不应超过五阶。如果次数过高，模型的预测结果可能会变得不稳定，可信度也会随之降低。多项式拟合特别适合用于数据点之间的内插预测，但当涉及外推预测时，即预测超出已知数据范围的值时，需要谨慎处理，避免过度外推。另外，多项式拟合是一种静态的数据处理方法，它主要通过已知数据点来构建模型，而不涉及数据随时间变化的动态特性。因此，在进行预测时，应考虑到这种静态方法的局限性，特别是在预测未来趋势时。

（3）DDS 法是一种直接对非平稳时间序列建立 ARMA 模型的方法，它通过简化的模型结构来捕捉数据中的动态变化。尽管这种方法可能在某些细节上不够精细，但它的优势在于能够用较少的参数和简洁的模型形式有效地描述复杂序列的内在规律。DDS法的预测效果较好，加上其模型简洁，易于在计算机上实现，非常适合快速建模和趋势预测，尤其适用于处理工程领域的实际问题。由于 DDS 法涉及较为高级的动态数据处理技术，其背后的数学理论可能相对复杂，因此，要想有效地实施这种方法，需要具备一定的理论理解和实际编程能力。

总结上述结论可知，组合法提供了一种灵活的建模方式，能够通过结合不同的模型来适应复杂的数据结构；多项式拟合法是一种简单有效的方法，适用于数据可以通过多项式较好描述的情况；DDS 法则专注于动态数据的建模，特别适用于需要考虑数据动态特性的场景。

5.3 灰色系统分析

5.3.1 概述

客观世界的很多实际问题，其内部的结构、参数以及特征并未全部被人们了解，人们不可能像研究白箱问题那样将其内部机理研究得非常清楚，只能依据某种思维逻辑与推断来构造模型。对这类部分信息已知而部分信息未知的系统，我们称之为灰色系统。本节介绍在信息大量缺乏或紊乱的情况下，如何分析和解决实际问题。

客观世界是不断变化发展着的，事物之间相互联系、相互制约，构成了系统。按照事物内在性质的不同，人们建立了工程技术系统、社会系统、经济系统等，试图对各种系统的一些特征进行分析，从而弄清楚系统内部的运行机理。从信息的完备性与模型的构建上看，工程技术等这类系统具有较充足的信息量，其发展变化规律明显，定量描述相对而言比较方便，结构与参数也相对具体，人们称之为白色系统。对另一类系统，诸如社会系统、农业系统、生态系统等，人们无法建立客观的物理原型，其作用原理亦不明确，内部因素难以辨识，人们很难准确了解这类系统的行为特征，因此对其定量描述的难度较大，建立模型困难。这类系统内部特性部分已知的系统称为灰色系统。一个系统的内部特性全部未知，则称为黑色系统。

5.3.2 灰色关联度分析方法

灰色系统理论应用于变形分析，与时序分析一样，是通过观测值自身，寻找变化规律。时序分析需要大样本的观测值，而对于小样本的观测值，只要有 4 个以上数据，就可以进行灰色系统建模。灰色系统理论通常是指信息不完全的系统，信息不完全在一般意义上可以表述为：系统因素不完全明确、因素关系不完全清楚、系统结构不完全知道、系统的作用原理不完全明了。累加生成与累减生成是在灰色系统理论与方法中占据特殊地位的两种数据生成方法，常用于建模，亦称建模生成。

累加生成，即对原始数列中各时刻的数据依次累加，从而形成新的序列。设原始数列为 $\{x^{(0)}\} = \{x^{(0)}(k) \mid k = 1, 2, \cdots n\}$。对 $\{x^{(0)}\}$ 做一次累加生成即得到一次累加生成序列 $\{x^{(1)}\}$，$x^{(1)}(k) = \sum_{i=1}^{k} x^{(0)}(i)$。若对 $\{x^{(0)}\}$ 做 m 次累加生成，则得到 $\{x^{(m)}\}$，$x^{(m)}(k) = \sum_{i=1}^{k} x^{(m-1)}(i)$，而累减生成是累加生成的逆运算，即对生成序列的前后两类数据进行差值运算。

灰色系统理论提出了一种新的分析方法——灰色关联度分析方法，即对一个系统发展变化态势的定量描述和比较的方法，基本思想是通过确定参考数据列和若干个比较数据列的几何形状相似程度来判断其联系是否紧密，它反映了曲线间的关联程度。在系统发展过程中，若两个因素变化的趋势具有一致性，即同步变化程度较高就可以说二者关联度较高；反之，则较低。因此，灰色关联度分析方法是根据因素之间发展趋势的相似或相异程度（亦称灰色关联度）作为衡量因素间关联程度的一种方法。灰色关联度分析对于一个系统发展变化态势提供了量化的度量，非常适合动态历程分析。该方法对样本量要求不高，也不需要典型的分布规律，计算量少且不至于出现关联度的量化结果与定性分析不一致的情况。

灰色关联度分析方法的具体计算步骤如下。

（1）确定分析数列。

确定反映系统行为特征的参考数列和影响系统行为的比较数列。参考数列是反映系统行为特征的数据序列，比较数列是影响系统行为的因素组成的数据序列。设参考数列（又称母系列）为 $Y = \{Y(k) \mid k = 1, 2, \cdots, n\}$；比较数列（又称子序列）为 $X_i = \{X_i(k) \mid k = 1, 2, \cdots, n\}$，$i = 1, 2, \cdots, m$。

（2）数据预处理。

由于系统中各因素列中的数据可能因量纲不同，不便于比较或在比较时难以得到正确的结论。因此在进行灰色关联度分析时，一般都要对数据进行无量纲化处理。

$$x_i(k) = \frac{Y(k)}{X_i(k)}, k = 1, 2, \cdots, n; i = 1, 2, \cdots, m \tag{5-26}$$

（3）计算灰色关联系数。

灰色关联系数反映了两个序列之间的相似程度，它的值越大，说明两个序列的关联度越高。$x_0(k)$ 与 $x_i(k)$ 的关联关系可表示为

$$\xi_i(k) = \frac{\min\limits_{i}\min\limits_{k} \mid y(k) - x_i(k) \mid + \rho \max\limits_{i}\max\limits_{k} \mid y(k) - x_i(k) \mid}{\mid y(k) - x_i(k) \mid + \rho \max\limits_{i}\max\limits_{k} \mid y(k) - x_i(k) \mid} \tag{5-27}$$

记 $\Delta_i(k) = \mid y(k) - x_i(k) \mid$，则 $\xi_i(k) = \dfrac{\min\limits_{i}\min\limits_{k}\Delta_i(k) + \rho \max\limits_{i}\max\limits_{k}\Delta_i(k)}{\Delta_i(k) + \rho \max\limits_{i}\max\limits_{k}\Delta_i(k)}$。

其中，$\rho \in (0, +\infty)$，ρ 称为分辨系数，ρ 越小，分辨率越大。一般 ρ 的取值区间为 $(0, 1)$，具体取值可视情况而定。当 $\rho \leqslant 0.5463$ 时，分辨率最佳，故通常取值为 0.5。

（4）计算关联度。

关联系数只能反映两个序列在某个点的相似程度，为了得到整体的关联度，我们需要对关联系数进行累加或平均处理，得到最终的关联度值。

$$r_i = \frac{1}{n} \sum_{k=1}^{n} \xi_i(k), k = 1, 2, \cdots, n \tag{5-28}$$

（5）关联度排序

关联度越高的对象，其综合评价越高，可以根据关联度的值计算各个对象的权重，以便进行更全面的评价。关联度按大小排序，如果 $r_1 < r_2$，则参考数列 Y 与比较数列 X_i 更相似。在计算出 $X_i(k)$ 与 $Y(k)$ 的关联系数后，计算各类关联系数的平均值，平均值 r_i 就称为 $Y(k)$ 与 $X_i(k)$ 的关联度。灰关联度具有如下特性：规范性、偶对称性、整体性、接近性。

关联序列指设参考序列 Y 与比较序列$X_i(i=1,2,\cdots,m)$，其关联度分别为$r_i(i=1,2,\cdots,m)$，按关联度大小排序即为关联序。在灰关联度分析中，关联序的大小体现了比较因子对参考因子的影响大小，其意义高于关联度本身的大小。通过关联度排序，可以确定变形的主要影响因素，在此基础上可建立 GM(1,N) 模型。

5.3.3　GM(1,N) 模型

在灰色系统理论中，由 GM(1,N) 模型描述的系统状态方程，提供了系统主行为与其他行为因子之间的不确定性关联的描述方法，它根据系统因子之间发展态势的相似性来进行系统主行为与其他行为因子的动态关联分析。GM(1,N) 是一阶的、N 个变量的微分方程模型，令 $x_1^{(0)}$ 为系统主行为因子，$x_i^{(0)}(i=2,3,\cdots N)$ 为行为因子，N 是数据序列的长度，记 $\{x_i^{(1)}\}$ 是 $\{x_i^{(0)}\}(i=1,2,\cdots N)$ 的一阶累加生成序列，即可得到 GM(1,N) 白化形式的微分方程，

$$\frac{\mathrm{d}x_1^{(1)}}{\mathrm{d}t}+a\,x_1^{(1)}=b_1\,x_2^{(1)}+b_2\,x_3^{(1)}+\cdots+b_{N-1}\,x_N^{(1)} \tag{5-29}$$

将 GM(1,N) 微分方程模型离散化，且取 $x_i^{(1)}$ 的背景值后，可得出其矩阵形式，可简写为 $\boldsymbol{Y}_N=\boldsymbol{B}\hat{\boldsymbol{a}}$，

$$\begin{bmatrix}x_1^{(0)}(2)\\x_1^{(0)}(3)\\\vdots\\x_1^{(0)}(n)\end{bmatrix}=a\begin{bmatrix}-z_1^{(1)}(2)\\-z_1^{(1)}(3)\\\vdots\\-z_1^{(1)}(n)\end{bmatrix}+b_1\begin{bmatrix}x_2^{(1)}(2)\\x_2^{(1)}(3)\\\vdots\\x_2^{(1)}(n)\end{bmatrix}+\cdots+b_{N-1}\begin{bmatrix}x_N^{(1)}(2)\\x_N^{(1)}(3)\\\vdots\\x_N^{(1)}(n)\end{bmatrix} \tag{5-30}$$

其中，$z_1^{(1)}(k)=\frac{1}{2}[x_1^{(1)}k+x_1^{(1)}(k-1)]$，$k=2,3,\cdots,n$，由最小二乘法，可求得参数$\hat{a}$的计算式为$\hat{a}=(\boldsymbol{B}^{\mathrm{T}}\boldsymbol{B})^{-1}\boldsymbol{B}^{\mathrm{T}}\boldsymbol{Y}_N$，将求得的参数值$\hat{a}$代入白化形式的微分方程，解此微分方程，可求得响应函数$\hat{x}_1^{(1)}(k+1)$，由此可以根据 k 时刻的已知值来预测同一时刻的$\hat{x}_1^{(0)}(k+1)$，并求得其还原值。

$$\hat{x}_1^{(1)}(k+1)=\left[x_1^{(1)}(1)-\frac{1}{a}\sum_{i=2}^{N}b_{i-1}x_i^{(1)}(k+1)\right]\mathrm{e}^{-ak}+\frac{1}{a}\sum_{i=2}^{N}b_{i-1}x_i^{(1)}(k+1) \tag{5-31}$$

$$\hat{x}_1^{(0)}(k+1)=\hat{x}_1^{(1)}(k+1)-\hat{x}_1^{(1)}(k) \tag{5-32}$$

设非负离散数列为 $\{x^{(0)}\}$，对$\{x^{(0)}\}$进行一次累加生成，即可得到一个生成序列$\{x^{(1)}\}$，对此生成序列建立一阶微分方程并用最小二乘法求解，得到$\hat{a}$：

$$\frac{\mathrm{d}x^{(1)}}{\mathrm{d}t}+\otimes a\,x^{(1)}=\otimes u \tag{5-33}$$

$$\hat{a}=\begin{bmatrix}a\\u\end{bmatrix}(\boldsymbol{B}^{\mathrm{T}}\boldsymbol{B})^{-1}\boldsymbol{B}^{\mathrm{T}}\boldsymbol{Y}_N \tag{5-34}$$

$$其中，\boldsymbol{B} = \begin{bmatrix} -\dfrac{1}{2}\left[x^{(1)}(2)^+x^{(1)}(1)\right] & 1 \\ -\dfrac{1}{2}\left[x^{(1)}(3)^+x^{(1)}(2)\right] & 1 \\ \vdots & \vdots \\ -\dfrac{1}{2}\left[x^{(1)}(n)^+x^{(1)}(n-1)\right] & 1 \end{bmatrix}, \boldsymbol{Y} = \begin{bmatrix} x^{(0)}(2) \\ x^{(0)}(3) \\ \vdots \\ x^{(0)}(n) \end{bmatrix}$$

将 $\hat{a}$ 代入一阶微分方程，解微分方程得 $\hat{x}^{(1)}(k+1) = \left(x^{(0)}(1) \ -\dfrac{u}{a}\right)e^{-ak} +u/a$，对 $\hat{x}^{(1)}(k+1)$ 作累减生成，可得原数据，即为灰色预测的两个基本模型。当 $k<n$ 时，称 $\hat{x}^{(0)}(k)$ 为模型模拟值；当 $k=n$ 时，称 $\hat{x}^{(0)}(k)$ 为模型滤波值；当 $k>n$ 时，称 $\hat{x}^{(0)}(k)$ 为模型预测值。灰色系统预测理论常被用于坡体形变效果拟合。

5.4 人工神经网络模型

人工神经网络是人工智能领域的研究热点。在安全监控数据处理及信息的分析、评判方面，由于各因素之间的复杂关系和不确定性，使数据处理存在较大的困难。利用人工神经网络模型进行数据处理，将是一种有效解决问题的新途径和新方法。

5.4.1 人工神经网络的概念

人工神经网络是由大量简单的处理单元（神经元）广泛地相互连接组成且能进行并行推理的复杂系统。其工作主要由两个阶段组成：一是学习阶段，通过对所选样本进行学习，不断修正各有向连接途径的权值，使学习结果十分逼近样本值；二是推理运行阶段，即以学习过程中不断修正后的最终结果对所需处理的信息进行处理。

人工神经网络的特点如下：

（1）数据以分布方式存储。数据不是存储在特定的存储单元中，而是分布在整个系统中。

（2）以并行方式处理数据。神经网络的计算功能分布在多个处理单元中，极大提高了信息的处理和运算速度。

（3）有很强的容错能力，可以从不完善的数据和图形中学习并提取有用的信息。

（4）可以用来逼近任意复杂的非线性系统。

（5）有良好的自学习、自适应、联想等智能特性，能适应系统复杂多变的动态特征。

由于人工神经网络的上述特点，在变形监测数据处理与分析预报方面有着广泛的应用前景。图 5.3 为一个神经元的基本结构，通常由多个输入和一个输出的非线性单元组成。

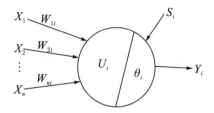

图 5.3　一个神经元的基本结构

在此单元中，X_n 表示神经元的第 n 个输入信息，S_i 为内部状态的反馈信息，θ_i 为阈值，U_i 为神经元内部状态，W_{ni} 为连接权值。输入信息经过神经元后的输出表达为

$$Y_i = f \left| \sum W_{ni} X_n + S_i + \theta_i \right| \tag{5-35}$$

其中，f 为激励函数，可根据需要选定。通常的激励函数有以下几种：

①线性函数：

$$f(x) = kx$$

②Sigmoid 函数：

$$f(x) = \frac{1}{1 + l^{-\lambda x}}$$

③双曲正切函数：

$$f(x) = \tanh x$$

④阈值函数：

$$f(x) = \begin{cases} 1, & x \geqslant 0 \\ 0, & x < 0 \end{cases}$$

神经元之间的连接可根据实际的需要及所解决问题的复杂性，通过神经元间的连接权值大小调节信号的增减而形成多种联结模式。

5.4.2　BP 神经网络的结构与算法

神经网络根据其结构和功能可以被划分为多种不同的类别，在这些类型中，前馈型神经网络以其独特的方式极大地推动了人工神经网络的演进，使其成为目前应用最为广泛的一种模型。前馈神经网络的训练主要使用反向传播算法，通过比较网络的预测结果与实际结果计算误差，再根据误差调整网络的权重。这个过程会持续到网络的预测结果与实际结果误差达到可接受的范围或者达到预设的迭代次数。在本节中，我们将重点探讨误差反向传播算法（也称作 BP 神经网络），这是一种用于学习复杂非线性函数逼近的方法。通过精确计算误差项，并利用梯度下降法来更新权重，BP 神经网络能够有效地解决许多实际问题，从而在多个领域展现出卓越的性能。

多层前馈神经网络通常分为输入转换层、输入层、隐含层、输出层和输出转换层，如图 5.4 所示。在该神经网络中，仅相邻层的神经元之间根据需要发生连接。属于阶层型的 BP 神经网络的输入与输出关系是一个高度非线性映射关系，它是一种误差反向传播的多层前馈网络，可设置多层隐含层结构。可表示为

$$F: \mathbf{R}^n \to \mathbf{R}^m$$

$$f(x) = 0$$

对于样本集合，输入 $X_n \in \mathbf{R}^m$ 和输出 $Y_i \in \mathbf{R}^m$ 的变换，可以认为存在某一种映射 g，使得

$$g(X_n) = Y_i$$

要求映射 g，可先求出映射 f，使得在某种意义下（如误差平方和最小）f 为 g 的最佳逼近，这在数据处理上是能够实现的。并且可以证明，在隐含层结点可根据需要自由设置的条件下，用三层 BP 神经网络就能实现任意精度逼近任意函数。

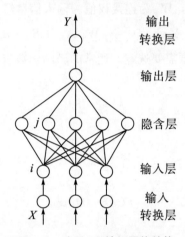

图 5.4　阶层 BP 神经网络结构

BP 神经网络的推理过程分为两个阶段：第一阶段为学习阶段，通过调整神经元之间的连接权，使学习样本经过 BP 神经网络计算逼近教师样本；第二阶段就是以调整好的 BP 网络进行实际计算。

BP 网络由于其激活函数 $f(x)$ 是连续可微的，因此可严格利用梯度法进行推算，它的权解析式十分明确。上、下层之间的各神经元实现全连接，而同一层的神经元之间无连接。网络按教师示教的方式进行训练，其过程为当一对学习样本（包括输入值 X_k 和输出值 Y_k）提供给网络，神经元被激活后，从输入层经隐含层向输出层传播。在输出层获得网络的输出值，设为 $\hat{y}$，实际输出的 $\hat{y}$ 样本期望值与输出 y 之间有误差，再按减小误差的方向从输出层经隐含层逐层修正各连接权，最后返回输入层。反复进行此过程，直到误差满足要求为止，其具体步骤如下。

初始化参数值（输出单元权值、偏置项和隐藏单元权值、偏置项均为模型的参数），分别记为 $w^{(0)}$、$b_1^{(0)}$、$v^{(0)}$、$b_2^{(0)}$，通过前向传播过程，计算每一层的输出值，进而得到损失函数的值，记为

$$E(\theta) = \frac{1}{2} \sum_{i=1}^{2} (y_i - \hat{y}_i)^2$$

其中，y 表示真实值，$\hat{y}$ 表示预测值，此处模型设定输出值为 2 维列数据，故将误差值取平均，在实际应用中输出单元有 n 维，误差值求平均就除以 n，所以实际应用中损失函数也可表达为

$$E(\theta) = \frac{1}{n} \sum_{i=1}^{n} (y_i - \hat{y}_i)^2 \tag{5-36}$$

假设存在 m 组 n 维数据的输出，则其损失函数的期望值为 $E(\theta) = \frac{1}{m} \frac{1}{n} \sum_{j=1}^{m} \sum_{i=1}^{n} (y_{ji} - \hat{y}_{ji})^2$，若真实值与预测值为 $\boldsymbol{y}$ 与 $\hat{\boldsymbol{y}}$，式（5-36）可表达为

$$E(\theta) = \frac{1}{m \times n} (\boldsymbol{y} - \hat{\boldsymbol{y}})^{\mathrm{T}} (\boldsymbol{y} - \hat{\boldsymbol{y}})$$

根据上述损失函数可得出单元的误差项和隐藏单元的误差项，输出单元的误差项，即计算损失函数关于输出单元的梯度值或偏导数，根据偏导数的链式法，则有

$$\nabla_{(k)} v = \frac{\partial E}{\partial v} = \frac{\partial E}{\partial \hat{y}} \frac{\partial \hat{y}}{\partial \mathrm{net}_2} \frac{\partial \mathrm{net}_2}{\partial v}$$

$$\nabla_{(k)} b_2 = \frac{\partial E}{\partial b_2} = \frac{\partial E}{\partial \hat{y}} \frac{\partial \hat{y}}{\partial \mathrm{net}_2} \frac{\partial \mathrm{net}_2}{\partial b_2} \tag{5-37}$$

隐藏单元的误差项，即计算损失函数关于隐藏单元的梯度值或偏导数，根据偏导数的链式法，则有

$$\nabla_{(k)} w = \frac{\partial E}{\partial w} = \frac{\partial E}{\partial \hat{y}} \frac{\partial \hat{y}}{\partial \mathrm{net}_2} \frac{\partial \mathrm{net}_2}{\partial h} \frac{\partial h}{\partial \mathrm{net}_1} \frac{\partial \mathrm{net}_1}{\partial w}$$

$$\nabla_{(k)} b_1 = \frac{\partial E}{\partial b_1} = \frac{\partial E}{\partial \hat{y}} \frac{\partial \hat{y}}{\partial \mathrm{net}_2} \frac{\partial \mathrm{net}_2}{\partial h} \frac{\partial h}{\partial \mathrm{net}_1} \frac{\partial \mathrm{net}_1}{\partial b_1}$$

将误差减小向参数的负梯度方向更新神经网络中的权值和偏置项，输出单元参数更新表达为

$$v^{(k)} = v^{(k-1)} - \eta \nabla_{(k)} v = v^{(k-1)} - \eta \frac{\partial E}{\partial v}, \quad b_2^{(k)} = b_2^{(k-1)} - \eta \frac{\partial E}{\partial b_2}$$

输出隐藏单元参数更新表达为

$$w^{(k)} = w^{(k-1)} - \eta \nabla_{(k)} w = w^{(k-1)} - \eta \frac{\partial E}{\partial w}, \quad b_1^{(k)} = b_1^{(k-1)} - \eta \frac{\partial E}{\partial b_1}$$

其中，η 为学习率，$k = 1, 2, \cdots, n$，表示更新次数或迭代次数。重复上述步骤直到损失函数小于事先给定的阈值或迭代次数用完为止，输出此时的参数即为目前最佳的参数。

BP 神经网络对函数的逼近原理如下：设第 l 层神经元 j 到第 $l-1$ 层神经元 i 的连接权值为 $W_{ji}^{(l)}$，P 为当前学习的样本，$O_{P_i}^{(l)}$ 为在 P 样本下第 l 层第 i 个神经元的输出，若激励函数取 $f(x) = \frac{1}{1 + l^{-\lambda x}}$，则第 l 层第 j 个神经元的净输入 $\mathrm{net}_{P_j}^{(l)}$ 为

$$\mathrm{net}_{P_j}^{(l)} = \sum_{i=1}^{n} W_{ji}^{(l)} O_{P_i}^{(l-1)} - O_j^{(l)} \tag{5-38}$$

$$O_{P_j}^{(l)} = f_j(\mathrm{net}_{P_j}^{(l)}) \tag{5-39}$$

其中，$O_{P_j}^{(l)}$ 为第 l 层第 j 个神经元的输出，$O_j^{(l)}$ 为阈值，并可将 $O_j^{(l)}$ 看作第 $l-1$ 层的一个虚拟神经元的输出，即

$$O_{P_n}^{(l-1)} = 1, \quad W_{j_n}^{(l)} = -\theta_j^{(l)} \tag{5-40}$$

则第 l 层第 j 个神经元的输出为

$$\text{net}_{P_j}^{(l)} = \sum_{i=0}^{n} W_{ji}^{(l)} O_{P_i}^{(l-1)} \tag{5-41}$$

$$O_{P_j}^{(l)} = f_j(\text{net}_{P_j}^{(l)}) \tag{5-42}$$

对于第 P 个样本，网络的输出误差 E_P 为

$$E_P = \frac{1}{2} \sum_{j=0}^{n-1} (t_{P_j} - O_{P_j}^{(2)})^2 \tag{5-43}$$

不断重复此过程以减小误差项的影响，最终得出最佳的输出值。

目前，BP 神经网络的应用非常广泛，其以优秀的非线性映射能力揭示数据样本中蕴含的非线性关系，具有良好的自适应性、自组织性及很强的学习、联想、容错和抗干扰能力，被广泛应用于滑坡易发性与风险性评价中。但 BP 神经网络本身在实际应用中存在学习后期收敛速度太慢、容易陷入局部极小点、网络结构不易确定等问题，故多数学者会选用不同的算法对其进行优化。

5.5 卡尔曼滤波

5.5.1 概述

卡尔曼滤波是 20 世纪 60 年代初由卡尔曼等提出的一种递推式滤波算法，它是一种对动态系统进行实时数据处理的有效方法。卡尔曼滤波在数学上是一种统计估算方法，即通过处理一系列带有误差的实际量测数据而得到物理参数的最佳估算。卡尔曼滤波以最小均方误差为估计的最佳准则，寻求一套递推估计的算法，其基本思想是：采用信号与噪声的状态空间模型，利用前一时刻的估计值和现在时刻的观测值来更新对状态变量的估计，求出现在时刻的估计值。它最大的特点是能够剔除随机噪声，从而获取逼近真实情况的有用信息。

5.5.2 卡尔曼滤波算法

卡尔曼滤波算法是一种基于贝叶斯滤波理论的算法，它通过递推的方式估计动态系统的状态。因此，这种方法可用于动态系统的实时控制和快速预报。

卡尔曼滤波的数学模型包括状态方程（也称动态方程）和观测方程两部分，其离散化形式为

$$X_k = \Phi_{k/k-1} X_{k-1} + \Gamma_{k-1} W_{k-1} \tag{5-44}$$

$$L_k = H_k X_k + V_k \tag{5-45}$$

式中，X_k——t_k 时刻系统的状态向量（n 维）；

L_k——t_k 时刻对系统的观测向量（m 维）；

$\Phi_{k/k-1}$——时间 t_{k-1} 至 t_k 的系统状态转移矩阵（$m \times n$）；

W_{k-1}——t_{k-1}时刻的动态噪声（r 维）；

Γ_{k-1}——动态噪声矩阵（$n \times r$）；

H_k——t_k时刻的观测矩阵（$m \times n$）；

V_k——t_k时刻的观测噪声（m 维）。

如果 W 和 V 满足如下统计特性：

$$E(W_k) = \mathbf{0}, E(V_k) = \mathbf{0}$$

$$\text{Cov}(W_k, W_j) = Q_k \delta_{kj}, \text{Cov}(V_k, V_j) = R_k \delta_{kj}, \text{Cov}(W_k, V_j) = S_k S_{kj}$$

$$(5-46)$$

式中：Q_k，R_k——动态噪声和观测噪声的方差阵；

δ_{kj}——Kronecker 函数，即

$$\delta_{kj} = \begin{cases} 1, k = j \\ 0, k \neq j \end{cases} \quad (5-47)$$

那么，卡尔曼滤波递推公式为：

状态预报：

$$\hat{X}_{k/k-1} = \varphi_{k/k-1} \hat{X}_{k-1} \quad (5-48)$$

状态协方差阵预报：

$$P_{k/k-1} = \varphi_{k/k-1} P_{k-1} + \Gamma_{k-1} Q_{k-1} \Gamma_{k-1}^x \quad (5-49)$$

状态估计：

$$\hat{X}_k = \hat{X}_{k/k-1} + K_k (L_k - H_k \hat{X}_{k/k-1}) \quad (5-50)$$

状态协方差阵估计：

$$P_k = (I - K_k H_k) P_{k/k-1} \quad (5-51)$$

其中，K_k 为滤波增益矩阵，其具体形式为

$$K_k = P_{k/k-1} H_k^{\mathrm{T}} (H_k P_{k/k-1} H_k^{\mathrm{T}} + R_k)^{-1} \quad (5-52)$$

式中：$P_{k/k-1}$——$tk-1$ 时刻对 tk 时刻的预测构方差矩阵；

H——观测矩阵；

R_k——测量噪声的协方差矩阵，初始状态条件为

$$\hat{X}_0 = E(X_0) = u_0, \hat{P}_0 = \text{Var}(X_0) \quad (5-53)$$

由式（5−48）可知，当已知 t_{k-1} 时刻动态系统的状态 $\hat{X}_{k-1}$ 时，令 $W_{k-1} = \mathbf{0}$，即可得到下一时刻 t_k 的状态预报值 $\hat{X}_{k/k-1}$。当 t_k 时刻对系统进行观测，得到 L_k 后，就可利用该观测量对预报值进行修正，得到 t_k 时刻系统的状态估计（滤波值）$\hat{X}_k$，如此反复进行递推式预报与滤波。因此，在给定了初始值 $\hat{X}_0$、$\hat{P}_0$ 后，就可依据式（5−48）至式（5−52）进行递推计算实现滤波。

卡尔曼滤波的求解结果是一组递推计算公式，其计算过程是一个不断预测、修正的过程。当得到新的观测数据时，即可求出新的滤波值，便于处理新观测结果；且在求解过程中不需要存储大量的数据。在给定状态初值和噪声协方差时，上述递推过程可得到状态变量的最佳估值。

5.5.3 卡尔曼滤波在边坡监测中的应用

变形监测是监测变形体安全性的重要手段，其基本任务就是通过对变形体进行测量，获取其动态位移信息并进行分析判断，从而对变形体安危状况做出预警。目前，随着 GNSS 系统的不断完善和人们对其研究的不断深入，由 GNSS 定位获取变形监测数据已成为一种趋势。在变形监测的数据处理中，传统方法是建立回归动态模型，在分期单独平差的基础之上采用多元回归法或时间序列分析法进行处理。这种分开来处理的方法得到的实际结果误差较大，而且不能实时反映变形的动态特性。

卡尔曼滤波是目前进行动态变形监测、分析及预报数据处理中的常用方法。在 GNSS 变形监测中，如果将变形体视为一个动态系统，将一组观测值作为系统的输出，那么卡尔曼滤波就可以用来描述这个变形体的运动情况。一般地，动态系统由状态方程和观测方程描述。在 GNSS 变形监测中，用离散性卡尔曼滤波模型来描述系统的状态，以监测点的位置、速率和加速率参数为状态向量，在状态方程中再加入系统的动态噪声，就构造了一个典型的运动模型。卡尔曼滤波的优点是无需保留用过的观测值序列，按照一套递推算法把参数估计和预报有机地结合起来。除观测值的随机模型外，动态噪声向量的协方差阵估计和初始周期状态向量及其协方差阵的确定值得注意。采用自适应卡尔曼滤波可较好地解决动态噪声协方差的实时估计问题。卡尔曼滤波特别适合滑坡监测数据的动态处理；也可用于静态点场、似静态点场在周期观测中显著性变化点的检验识别。从上述的卡尔曼滤波原理可知，对动态系统应用卡尔曼滤波技术可以进行预报和滤波，而这正是变形监测工作所需要的。

目前，三维变形监测自动化系统中的典型工具是 GNSS 和自动跟踪全站仪（RTS）。GNSS 监测工程变形时，其监测点的位置可以是 GNSS 的空间三维坐标（X，Y，Z）或大地坐标（B,L,H），也可以是工程本身独立坐标系中的坐标（X,Y,H）。

5.5.4 递推式卡尔曼滤波的应用实例

由卡尔曼滤波原理可知，对动态系统应用卡尔曼滤波技术可以进行预报和滤波，而这正是变形监测工作中所需要的。以工程独立坐标系中某一测点为例，列出变形系统的状态方程和观测方程。考虑该测点的位置 $\boldsymbol{x}=(x,y,h)^{\mathrm{T}}$、变形速率$\dot{\boldsymbol{x}}=(\dot{x},\dot{y},\dot{h})^{\mathrm{T}}$ 和加速率$\ddot{\boldsymbol{x}}=(\ddot{x},\ddot{y},\ddot{h})^{\mathrm{T}}$ 为状态参数，其状态方程如下：

$$\begin{bmatrix}\boldsymbol{x}\\\dot{\boldsymbol{x}}\\\ddot{\boldsymbol{x}}\end{bmatrix}=\begin{bmatrix}I & \Delta t_k I & \frac{1}{2}\Delta t_k^2 I\\\boldsymbol{0} & I & \Delta t_k I\\\boldsymbol{0} & \boldsymbol{0} & I\end{bmatrix}\begin{bmatrix}\boldsymbol{x}\\\dot{\boldsymbol{x}}\\\ddot{\boldsymbol{x}}\end{bmatrix}_{k-1}+\begin{bmatrix}\frac{1}{6}\Delta t_k^3 I\\\frac{1}{2}\Delta t_k^2 I\\\Delta t_k I\end{bmatrix} \tag{5-54}$$

其中，$\boldsymbol{0}$ 和 I 分别为三阶零矩阵和三阶单位阵，Δt_k 为相邻观测时刻之差。以测点的三维坐标结果作为观测量，观测方程如下：

$$\begin{bmatrix} x \\ y \\ h \end{bmatrix}_k = \begin{bmatrix} I & \mathbf{0} & \mathbf{0} \end{bmatrix} \begin{bmatrix} \boldsymbol{x} \\ \dot{\boldsymbol{x}} \\ \ddot{\boldsymbol{x}} \end{bmatrix}_k + \boldsymbol{v}_k \tag{5-55}$$

上述两个公式构成了变形系统中单一测点的卡尔曼滤波基本数学模型。

变形系统的状态参数选择应与所监测的对象和观测频率有关，如果被监测对象的动态性强、变化快，就有必要考虑测点的变化速率和加速率；如果被监测对象的动态性不强，变形趋势缓慢，并且观测频率较高，则可仅考虑测点的变化速率，而将速率的瞬间变化视为随机干扰。此时，单一测点的状态方程为

$$\begin{bmatrix} \boldsymbol{x} \\ \dot{\boldsymbol{x}} \end{bmatrix}_k = \begin{bmatrix} I & \Delta t_k I \\ \mathbf{0} & I \end{bmatrix} \begin{bmatrix} \boldsymbol{x} \\ \dot{\boldsymbol{x}} \end{bmatrix}_{k-1} + \begin{bmatrix} \frac{1}{2}\Delta t_k^2 I \\ \Delta t_k I \end{bmatrix} w_{k-1} \tag{5-56}$$

如果将变形系统看成离散随机线性系统，观测数据采样较密，短时间内完全可以忽略其位置的变化，即将位置的瞬间变化视为随机干扰。此时，可以采用数据窗口定长的递推式卡尔曼滤波，即定长递推算法进行计算。其单一测点的观测方程为

$$\begin{bmatrix} x \\ y \\ h \end{bmatrix}_k = \begin{bmatrix} 1 & 0 & 0 \\ 0 & 1 & 0 \\ 0 & 0 & 1 \end{bmatrix} \begin{bmatrix} x \\ y \\ h \end{bmatrix}_k + \boldsymbol{v}_k \tag{5-57}$$

从卡尔曼滤波递推公式可以看出，要确定系统在 t_k 时刻的状态，首先必须知道系统的初始状态，即应了解系统的初值。对于实际问题，滤波前系统的初始状态是难以精确确定的，一般只能近似地给定。但是，如果给定的初值偏差较大，则可能导致滤波结果中含有较大误差，由此得到的测点变形是不真实的，甚至还会引起发散。因此，合理地确定系统的初值十分重要，系统滤波的初值包括初始状态向量及其相应的方差阵、动态噪声的方差阵、观测噪声的方差阵。对于 GNSS 变形监测系统可概括为以下两种情形，来讨论变形系统中滤波初值的确定问题：

（1）将测点的位置 $\boldsymbol{x}$ 和变化速率作为状态参数，则适合于变形观测时间间隔相对较长的周期性观测情形。其初始状态向量及其方差阵可由 GNSS 监测网的前两期观测成果确定。

（2）仅考虑测点的位置 $\boldsymbol{x}$ 作为状态参数，则适合于变形观测时间间隔相对较短的连续性自动观测系统情形。

现以隔河岩大坝 GNSS 自动监测系统为例说明递推式卡尔曼滤波的应用，递推式卡尔曼滤波的实施步骤如下：

（1）由变形系统的数学模型关系式确定系统状态转移矩阵、动态噪声矩阵和观测矩阵。

（2）利用第一组观测数据确定滤波的初值，包括状态向量的初值及其相应的协方差阵、观测噪声的协方差阵和动态噪声的协方差阵。

（3）读取各组观测数据，实施卡尔曼滤波。

（4）存储滤波结果中最后一组的状态向量估计和相应的协方差阵。

（5）等待当前观测时段的数据。

（6）将上述组观测数据中的第一组观测数据去掉，把当前新的一组观测数据放在组最后位置，重新构成 m 组观测数据，回到步骤（1），重新进行卡尔曼滤波。如此递推下去，达到自动滤波的目的。

取隔河岩大坝 GNSS 自动监测系统中拱冠点处的部分资料，观测时间为 1998 年 7 月 1 日至 1998 年 9 月 15 日，共有 483 组有效数据，观测时段为 6 小时和 2 小时（每个月前 6 日为 6 小时解译一次，之后为 2 小时解译一次）。数据结果包含有测点的三维位置信息：径向方向（x）、切向方向（y）和垂直方向（h）。采用递推式卡尔曼滤波方法处理序列的状态向量 x 估计值，处理结果如图 5.5 所示。

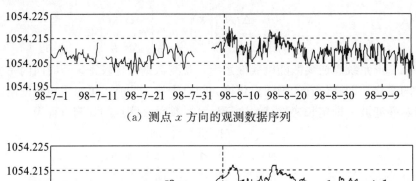

（a）测点 x 方向的观测数据序列

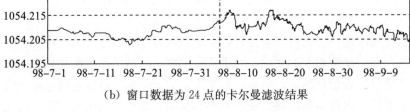

（b）窗口数据为 24 点的卡尔曼滤波结果

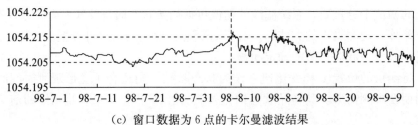

（c）窗口数据为 6 点的卡尔曼滤波结果

图 5.5　采用递推式卡尔曼滤波方法处理序列的状态向量 x 估计值

5.6　其他数据分析方法

5.6.1　频谱分析方法

频谱分析方法可以帮助我们理解和预测工程结构在各种荷载作用下的动态响应。在工程测量和变形监测领域，频谱分析可以应用于多种场景，如监测高层建筑物在风力作用下的摆动，桥梁在动荷载作用下的振动，地壳在引潮力、气压作用下的变形等。一般采用连续的、自动的记录装置监测这类变形，所得到的是一组与时间相关联的观测数据序列。分析这类观测数据时，变形的频率和幅度是主要参数。

动态变形分析分为几何分析和物理解释两部分。几何分析主要是找出变形的频率和振幅；而物理解释是寻找变形体对作用荷载（动荷载）的幅度响应和相位响应，即动态响应。下面将主要介绍动态变形分析的原理和方法。

线性系统表示系统的信息过程性质，它把输入信号 $x(t)$ 转换成输出信号 $y(t)$，如图 5.6 所示。在处理变形监测数据中，输入信号可以是多个，输出信号可以是一个或多个。在进行动态变形分析时，我们用系统代表变形体，输入信号是作用在变形体上的荷载，而输出信号则是观测的变形值。在实际工作中，系统的输入信号和输出信号的取样都包含有测量误差，假设输入信号的测量误差为 $\varepsilon_x(t)$，输出信号的测量误差为 $\varepsilon_y(t)$，$\tilde{x}(t)=x(t)+\varepsilon_x(t)$；$\tilde{y}(t)=y(t)+\varepsilon_y(t)$，对输入信号 $\varepsilon_x(t)$、$\varepsilon_y(t)$ 分别进行傅里叶变换得到 $\tilde{x}(f)$ 和 $\tilde{y}(f)$，响应函数可表示为：$\tilde{w}(f)=\tilde{y}(f)/\tilde{x}(f)$，该函数也受输入信号和输出信号误差的影响。

（a）理想的动态变形观测的线性系统

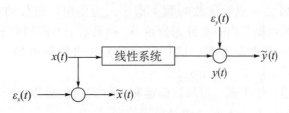

（b）含有测量误差的线性系统

图 5.6 线性系统

频谱分析方法是动态观测时间序列研究的一个方法，该方法是将时域内的观测数据序列通过傅里叶级数转换到频域内进行分析，它有助于确定时间序列的准确周期并判别隐蔽性和复杂性的周期数据。图 5.7（a）为一个连续时间序列在频域中的图像，表示了频率和振幅的关系，峰值大意味着相应的频率在该时间序列中占主导地位。图 5.7（b）是一个离散时间序列的频谱图，我们同样可以找到所含的主频率，振幅数值大的所对应的频率便为主频率。

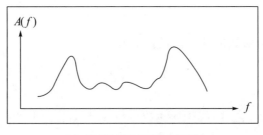

（a）连续时间序列的频谱图

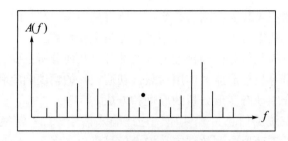

（b）离散时间序列的频谱图

图 5.7　连续、离散时间序列的频谱图

对于时间序列 $x(t)$ 的傅里叶级数展开式为

$$x(t) = A_0 + \sum_{n=1}^{\infty} (a_n \cos 2\pi nft + b_n \sin 2\pi nft) \tag{5-58}$$

其中，$f = \dfrac{1}{T}$ 为 $x(t)$ 的基本频率；$A_0 = \dfrac{1}{T}\int_0^T x(t)\mathrm{d}t$，$a_n = \dfrac{2}{T}\int_0^T x(t)\cos 2\pi nft\,\mathrm{d}t$，$b_n = \dfrac{2}{T}\int_0^T x(t)\sin 2\pi nft\,\mathrm{d}t$，式（5-58）也可表达为

$$x(t) = A_0 + \sum_{n=1}^{\infty} \sin(2\pi nft + \varphi_n) \tag{5-59}$$

其中，$A_n = \sqrt{a_n^2 + b_n^2}$ 为傅里叶级数的频率谱；φ_n 为傅里叶级数的相位角。公式（5-59）表明了复杂周期数据是由一个静态分量 A_0 和无限个不同频率的谐波分量组成。实际上，对于离散的有限时间序列，应用频谱分析法求频率谱值（A_n, φ_n）就是求式（5-58）中的傅里叶系数 A_0，a_n 和 b_n。

以一个实例说明，如图 5.8 所示，设观测时间 T 内的采样数为 N，采样间隔 $\Delta t = T/N$，t_i 时刻的观测值为 $x(t_i)$，$i = 0, 1, 2, \cdots, N-1$。

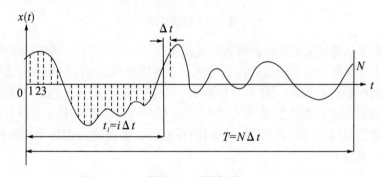

图 5.8　采样频率

离散的有限傅里叶级数的计算公式表示为

$$A_0 = \frac{1}{N}\sum_{i=0}^{N-1} x(t_i) \tag{5-60}$$

$$a_n = \frac{2}{N}\sum_{i=0}^{N-1} x(t_i)\cos 2\pi ni/N, \quad b_n = \frac{2}{N}\sum_{i=0}^{N-1} x(t_i)\sin 2\pi ni/N \tag{5-61}$$

其中，$n = 1, 2, \cdots, M$，M 满足 $N \geqslant 2M + 1$。

5.6.2 有限元法

有限元法分析工程力学问题的基本特点是将结构物进行离散，即将连续体离散为有限多个在节点上互相连接的单元，这些单元简称为有限单元。根据工程的复杂性，一般分平面和空间问题，或者简称二维和三维问题。平面的有限元网格如图 5.9 所示。

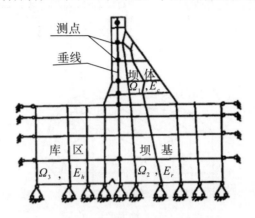

图 5.9 平面的有限元网格

有限元的模拟范围与分析精度紧密相关，为了充分反映坝基和库盘（库盘主要指水库上下游左右两侧河岸部位）对监测效应量的影响，有限元网格应取定范围，其中考虑坝基影响，上、下游和坝基深度一般取 2~3 倍坝底宽度；考虑库盘受到的影响，上、下游应取库水重作用下，地面变形的变化基本不变，如龙羊峡工程上游取了 120km，下游取 10km，基岩深增至 6~8km。平面问题以重力坝为例，将大坝、坝基和库盘离散为有限个单元，常见的类型包括三角形单元、四边形单元以及四边形的母单元，如图 5.10 所示。

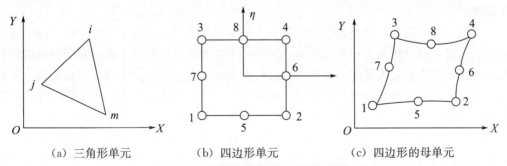

(a) 三角形单元　　　　(b) 四边形单元　　　　(c) 四边形的母单元

图 5.10 平面问题中单元的常见类型

空间问题以拱坝、土石坝和地面模拟计算为例，将其剖分为有限元单元，如图 5.9 所示，分别为拱坝、土石坝和地面变形三种情况。其单元一般为六面体单元，也可以是五面体单元，分别如图 5.11（a）（b）所示。

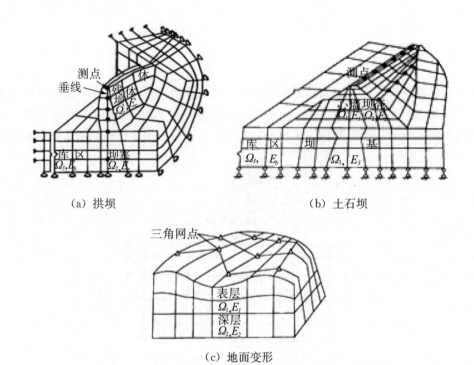

(a) 拱坝　　　　　　　　　　(b) 土石坝

(c) 地面变形

图 5.11　空间问题中单元的常见类型

在划分网格和布置节点时需注意以下几个问题：

（1）单元形态一般取等参单元，每个单元的节点数依据建筑物及其地基的复杂程度以及变形和温度测点的位置来确定，其中变形和温度测点一般应作为单元的节点，以减小计算内插所产生的误差。

（2）为了使单元的形函数比较合理，要求单元的最小二面角应大于 $30°$，单元的最长和最短边的比值要小于 5。另外，在建筑物的某些部位，如大坝的坝踵、坝趾和形状变化处，单元的尺寸与坝高之比要大于临界尺寸 $[L=0.0435×13/R]$，R 为混凝土的抗拉强度。

工程力学问题在一定条件下可以简化为平面问题求解，用有限元法求解平面问题的基本思路是：对分析域进行单元剖分，对每一个单元建立以单元节点位移为参数的位移插值函数，使得单元内任意一点处的位移可由单元节点位移内插求得。根据几何方程和物理方程，可由位移插值函数求得单元内任意一点处的应变和应力。整个弹性体的应变位能可表示成节点位移的函数，外力（包括体积力和边界力）所做的功也可表示成外力在节点上的等效力与节点位移的乘积。这样，整个弹性体的变形位能可表示成节点位移和等效节点力（荷载）的函数。按照最小位能原理得到求节点平衡方程。在位移边界条件的约束下，求得节点位移，继而求得各个单元内的任意一点的位移、应变和应力。利用有限元法求解工程力学平面问题时应当注意以下几点。

（1）单元的划分，一般采用三角形单元或四边形单元对分析域进行剖分。

（2）利用最小位能原理建立有限元方程。

（3）单元刚度矩阵和单元等效节点荷载的阈值。

（4）平面有限元问题的求解过程。可以简单地将平面有限元问题的求解过程概括为以下几个步骤：

①对分析域进行单元剖分；

②构造每个单元的单元刚度矩阵并计算单元等效节点荷载；

③构造结构刚度矩阵和结构等效节点荷载，得到结构平衡方程式；

④求解节点平衡方程，利用位移边界条件或位移约束求解节点平衡方程，从而得到节点位移；

⑤计算各单元的应变和应力。

5.6.3 机器学习及深度学习方法

按照学习的形式分类，机器学习可分为监督学习和无监督学习。例如，将训练数据进行标注属于典型的监督学习，也被称为有教师学习或有监督学习。学习的过程就是从带有标注的训练数据中学习如何对训练数据的特征进行判断。这个过程可以描述为：机器学习算法模型从输入的训练数据集中学习到一个函数，当新的没有标注的数据到来时，这个函数能够独立完成对相应的特征进行判断。

在监督学习中，一个训练数据集一般会包含很多单独的实例。例如，一个短信数据集中包含多条短信，因为增加数据的量是提高效果的一种途径。每一个实例的特征就是输入算法中的数据，而它的标注则作为函数的期望输出值（标注一般由人工完成）。大部分的机器学习都采用了监督学习的形式，主要用于分类和预测。典型的监督学习方法有决策树、支持向量机、监督式神经网络等分类算法和线性回归、支持向量机回归等算法。

无监督学习不同于有监督学习，学习算法是从没有标注的训练数据中学习数据的特征或信息。无监督学习算法通过对没有标注的训练数据实例进行特征学习，进而发现训练实例中一些结构性的知识。典型的无监督学习方法有聚类学习和自组织神经网络学习。

强化学习是典型的无监督学习，主要用于连续决策的场合。在学习模型根据得到的结果进行了相应的决策后，通过与环境的交互来判断这个动作能产生多大的价值。一般会通过奖惩项来判断价值的大小，这一时刻得到的奖惩会作为下一时刻学习算法做出决策的依据。在无监督学习中，使用的许多方法都是基于数据挖掘，这些方法的主要特点都是寻求、总结和解释数据。

机器学习算法模型能够提取特征进行学习，并做出类似于人类主观的决策。简单的特征易于提取，但是在一些复杂的问题上，对于一些抽象的特征，如果还是通过人工的方式进行收集整理，那么就需要耗费很长的时间。

深度学习是机器学习的一个分支，它除了可以完成机器学习的学习功能外，还具有特征提取的功能。深度学习与传统机器学习的流程差异在于：传统机器学习算法需要在样本数据输入模型前经历一个人工特征提取的步骤，之后通过算法更新模型的权重参数。经过这样的步骤后，当再有一批符合样本特征的数据输入到模型中时，模型就能得到一个可以接受的预测结果。而深度学习算法不需要在样本数据输入模型前经历一个人工特征提取的步骤，将样本数据输入算法模型后，模型会从样本中提取基本的特征。之后，随着模型的逐步深入，由这些基本特征组合出了更高层的特征，如线条、简单形状等。但此时的特征还是抽象的，我们无法想象将这些特征组合起来会得到什么。简单特征可以被进一步组合，在模型越深入的地方，这些简单特征也逐步地转化成更加复杂的特征。这时，将这些提取到的特征再经历类似机器学习算法中的更新模型权重参数等步骤，就可以得到一个令人满意的预测结果。

6 精密测量技术在工程中的应用

6.1 油气管道沿线潜在灾害风险点的空天地多源数据融合沉降监测

随着经济的发展，油气管道沿线的外界环境越来越复杂，由外界环境变化引起的油气泄漏事故频发。油气在沿管道的储运过程中，沿线地物环境变化和地质灾害容易造成油气管道损坏。因此，对油气管道沿线地物变化情况进行及时、准确的监测十分重要。传统的油气管道安全巡检方式通常采用人工巡检，后来逐渐采用无人机、GNSS 等监测技术。近年来，合成孔径雷达技术为石油管道形变监测提供了一种全新的监测方式。目前，石油管道形变监测及地灾识别一般趋势为空天地一体化地质灾害监测技术识别方法，实现地质灾害的天地一体化综合识别与预警。

6.1.1 监测方法

空天地体系的具体监测方法分为空、天、地三个部分。其中，空基的监测主要有无人机摄影和机载 LiDAR 等；天基的监测主要有光学遥感、InSAR 技术和高分辨率光学专家解译等；地基的监测主要有 GNSS、传统测量、传感器、计算机视觉、近景摄影测量和地基遥感等。空天地多数据融合监测构成如图 6.1 所示。

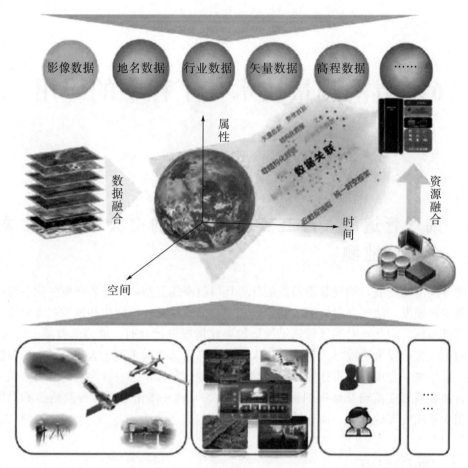

图 6.1　空天地多数据融合监测构成示意图

　　地基观测系统以精度高、机动性强等特点，在地质灾害快速评估中发挥了重大作用。目前，用于地质灾害快速评估的地基应急测绘设备有无人机、合成孔径雷达等。其中，无人机因灵活性、高时效性、飞行高度可控，被广泛应用于地质灾害评估中。无人机飞行前应设计好航线、确定好飞行高度，就可以获取理想的数据。用于地质灾害监测及评估的无人机如图 6.2 所示。

图 6.2 用于地质灾害监测及评估的无人机

随着我国油气管道分布范围越来越广、沿线区域地质环境复杂多样，传统的人工巡检不能有效识别油气管道沿线地物变化的情况。传统的人工巡检工作量大且部分地区巡检困难，再加上无人机、GPS 监测设备价格昂贵，难以在短期内对目标区域进行同步监测。天基及其主要技术（合成孔径雷达技术）为油气管道形变监测提供了一种全新的监测方式，可获取大范围、高精度的地表形变信息，目前已被广泛应用在油气管道沿线的形变监测中。

目前，油气管道形变监测及地灾识别的相关研究主要集中在基于星载 InSAR 的管道沿线地质形变监测，并加以气象、水文、地质等多源数据建立基于卫星遥感的空天地一体化地质灾害监测体系，实现地质灾害的空天地一体化综合识别与预警。

通常，边坡稳定性光纤监测系统包含边坡位移监测、边坡支护体监测、环境参量监测、管道应变监测。该监测系统应用光纤光栅传感监测，由光纤光栅不同封装制成的各类传感器可以实现滑坡区管道的应力、应变、温度和含水率等多参量监测。边坡稳定性光纤监测系统布设方案如图 6.3 所示。

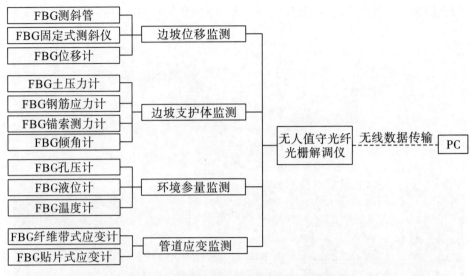

图 6.3　边坡稳定性光纤监测系统布设方案

　　边坡位移监测包括深部位移监测和坡表位移监测两部分，其中深部位移监测常用光纤传感器有光纤光栅测斜管（图6.4）和固定式测斜仪（图6.5）。边坡深部位移变形大小直接反映了边坡的变形程度，按照不同方向可分为反映坡体滑移的水平向位移和反映坡体松弛膨胀的坡向位移。通过位移大小可对滑动面的位置进行判断、预测位移变化趋势、推断边坡的稳定性状态及发展趋势。对于水平向位移，在坡体不同部位沿主滑方向打竖向桩孔（桩孔大小视边坡情况而定），直至进入基岩稳定区，将封装光纤传感器的综合光纤光栅测斜管植入孔中，利用测斜管加光纤传感测量土体深度及岩土体水平向的位移大小。

　　当边坡发生变形时，其表面会发生鼓起，潜在滑坡体的边缘会发生不同程度的拉裂和拉张变形，因此边坡表面变形监测对评价边坡稳定性、确定边坡滑动范围等工作有着极为重要的意义。坡表位移监测用到的传感器主要是光纤光栅位移计（图6.6）。为防止边坡拉裂破坏，在实际工程中通常会设置边坡支护材料，如挡土墙一般位于坡脚部位，起到稳固边坡，防止土体滑移、阻碍道路以及危害人员安全的作用。但支挡结构材料也会因意外发生损坏、破裂，极大威胁着边坡的稳定性。因此对支挡结构进行安全监测十分重要。常对支挡结构设置形变监测设备，常见的锚杆（索）可作为监测主体，通常在锚固端放入锚索应力计来监测锚索反力。光纤光栅锚索测力计如图6.7所示。

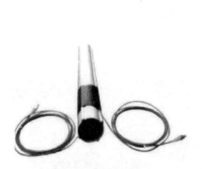

图 6.4　光纤光栅测斜管　　　　图 6.5　光纤光栅固定式测斜仪

图 6.6　光纤光栅位移计

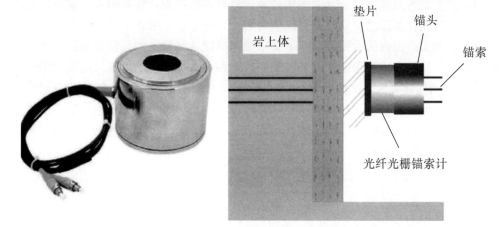

图 6.7　光纤光栅锚索测力计

实际接收光纤信息后采用滑坡等地质灾害综合监测光纤在线监测系统对数据信息进行处理，其中管道沿线边坡光纤监测系统中的各类传感光缆和光纤传感器都要用引线接引到监测站进行监测，通过监测设备可提取监测对象的变形量，并实现可视化，如图6.8所示。

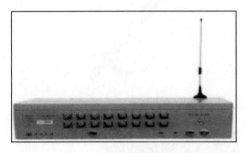

（a）监测视图模块

（b）监测设备-无线光纤光栅解调仪

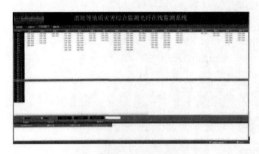

（c）沉降位移监测数据展示

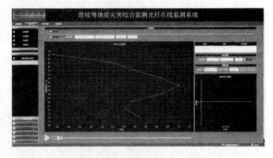

（d）波长数据实时显示

图6.8　滑动等地质灾害综合在线监测系统

6.1.2　监测方案设计与灾害识别依据实例

我国地质灾害点多面广，且大多地处高位并被植被覆盖，传统的人工调查排查在一些地区进行地质灾害隐患识别已显得无能为力，这也是近年来绝大多数灾难性地质灾害事件都不在预案范围内的主要原因。下文以贵州晴隆地区新老油气管道为例，具体介绍监测方案的设计及灾害识别的依据。多源空天地融合数据融合的地质风险综合预警体系（图6.9）包括构建多源数据的融合技术，将光学卫星识别与InSAR分析两级融合，以实现监测区全域遥感分析；建立快速评估方法以无人机航摄、激光雷达扫描等技术，实现大区域地面分析，同时改进时空演化的地质灾害综合预警模型，可采用巡线观察、专业监测等手段监测灾害点。

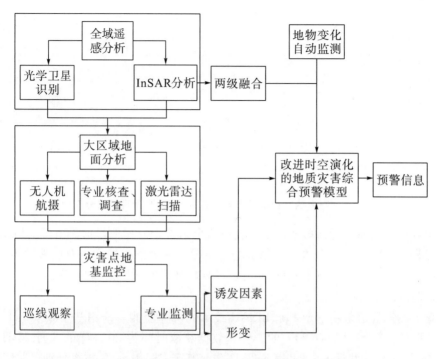

图 6.9　多源空天地融合数据融合的地质风险综合预警体系

贵州晴隆地区新老油气管道沉降监测方案是基于 D-InSAR 技术，采用基于 ALOS2 雷达卫星获取的分辨率为 3m，拍摄模式为条带的数据。数据获取时间为 2018 年的 6 月 25 日、7 月 23 日及 9 月 17 日。

（1）形变结果提取与初步分析。

基于 D-InSAR 技术分别提取新老油气管道两边距离均为 2.5km 的缓冲区域形变结果（图 6.10）。基于 D-InSAR 形变分析结果，对大区域地面的形变趋势判定。图中形变结果显示：在 2018.06.25—2018.07.23 时间段，老管道所在位置及附近区域未出现明显形变；在 2018.06.25—2018.09.17 时间段，老油气管道在东北段出现一个较明显的形变区域，形变结果约为一个波长，对比地形地貌图可知该区域植被较多，且时间基线较长容易导致失相干，又由 D-InSAR 技术易受相干性的影响，初步判断该处为实际地形沉降导致的形变异常的可能性较小。

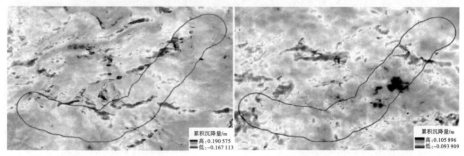

（a）影像对 2018.06.25—2018.07.23　　　　（b）影像对 2018.06.25—2018.09.17
　　干涉结果（老油气管道）　　　　　　　　　干涉结果（老油气管道）

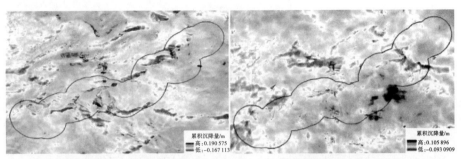

（c）影像对2018.06.25—2018.07.23
干涉结果（新油气管道）

（d）影像对2018.06.25—2018.09.17
干涉结果（新油气管道）

图 6.10　新老油气管道基于双轨法 D-InSAR 形变结果分布图

　　对比分析新老油气管道形变结果，发现两个结果十分相似，这是由于 ALOS2 卫星采用 L 波段（PALSAR）成像，其形成的干涉图中一个条纹的周期对应着地表 11.8cm 的地表形变。因此采用该技术进行形变结果提取时的精度通常为厘米级。

　　（2）监测结果分析。

　　对新老油气管道采用基于 PS-InSAR 技术的沉降监测，采用基于 Sentinel-1A 雷达卫星获取的分辨率为 5m×20m 的影像，数据获取时间为 2018 年的 6 月 25 日、7 月 23 日及 9 月 17 日，共计 40 景升轨 SAR 图像。基于 PS-InSAR 技术分别提取新老油气管道两边距离均为 2.5km 的缓冲区域形变结果如图 6.11 所示。

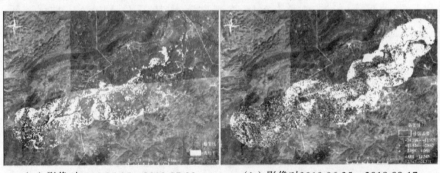

（a）影像对2018.06.25—2018.07.23
干涉结果（老油气管道）

（b）影像对2018.06.25—2018.09.17
干涉结果（老油气管道）

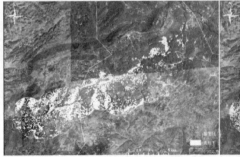

（c）影像对2018.06.25—2018.07.23
干涉结果（新油气管道）

（d）影像对2018.06.25—2018.07.23
干涉结果（新油气管道）

图 6.11　新老油气管道基于 PS-InSAR 形变结果分布图

由于 PS-InSAR 技术的形变监测精度可达毫米级，因此该技术可对目标区域进行局部精确的形变监测，并作为风险区划分的重要依据。图 6.11（a）和图 6.11（b）中失相干点分布图显示，由于受到植被变化等环境因素的影响，存在失相干区域，这些区域将依据有效的 PS 点进行风险判断。图 6.11（c）和图 6.11（d）形变分布图显示，在监测时间段内，年均形变量未出现很大的特征点，存在部分形变较明显的区域，依赖这些 PS 点的形变结果可以对风险区进行划分。

利用 InSAR 地质形变监测结果辅以气象、水文、地质等多源数据，基于卫星遥感的空天地一体化地质灾害监测体系和技术识别方法，进行地质灾害的天地一体化综合识别与预警。具体流程可概括为：①对形变数据、环境影响因子进行风险区划分；②引入实勘数据，更新分类数据样本；③迭代最新模型分类结果，获取新的风险区划分。图 6.12 为新老油气管道潜在风险区示意图。

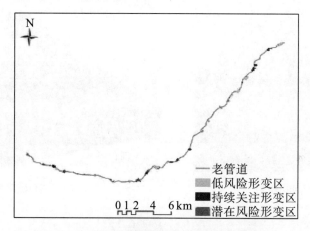

图 6.12　新老油气管道潜在风险区示意图

在数据方面，空天地大数据油气管道沿线地灾监测识别体系不断拓展数据获取体系，丰富空天地大数据资源，逐步实现"高分＋北斗"的融合以及"空基＋天基＋地基"的联合。其依托数字地球平台，实现发现隐患、监测隐患、发布预警、灾情分析评估、灾后重建、辅助决策的全流程，推动自然灾害监测向专业化、精准化迈进，助力全国自然灾害综合风险评估，有效提升了自然灾害的防治能力。

6.2　地下工程变形监测及应用

6.2.1　地面沉降的相关概念

地面沉降又称地面下沉或地陷，是指在人类工程经济活动影响下，由于地下松散地层固结压缩，导致地壳表面标高降低的一种局部下降运动（或工程地质现象）。地面沉降是近年来出现的重要的地质灾害之一，发生范围大且难以提前察觉。据统计，近年来

我国有多个城市出现地面沉降。地面沉降的危害主要表现在以下几个方面

（1）毁坏建筑物和生产设施。

（2）不利于工程建设和资源开发。发生地面沉降的地区往往属于地层不稳定的地带，在进行城市建设和资源开发时，需要更多的建设投资，而且限制了生产能力。

（3）造成海水倒灌。沿海地区地面沉降接近海面时，会发生海水倒灌，使土壤和地下水盐碱化。

地面沉降分构造沉降、抽水沉降和采空沉降三种类型。地面沉降依据本身的地质环境可分为三种模式（图 6.13）：第一种，现代冲积平原；第二种，三角洲平原；第三种，断陷盆地。断陷盆地模式分为近海式和内陆式两类。

（a）现代冲击平原

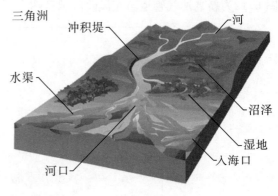

（b）三角洲平原

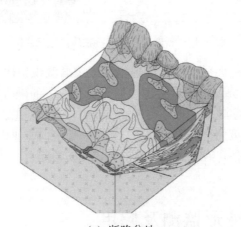

（c）断陷盆地

图 6.13　地面沉降的三种模式

由于地面沉降是一种大面积地面高程逐渐累计下降的损失，形变缓慢，以毫米、厘米计。因此，初始阶段人们的肉眼难以察觉，只有采用精密测量才会发现地面有变异，但往往还会因量小而难以肯定，或被忽略不计。其成灾地域性明显，我国地面沉降主要发生在现代冲积平原、三角洲平原、断陷盆地，在长江三角洲区域尤其严重，如上海、常州、无锡、苏州、嘉兴、萧山等地。

自然因素包括构造下沉、地震、火山活动、气候变化、地应力变化及土体自然固结等。自然因素具体可以分为内在因素与外在因素两类。

（1）内在因素：地面沉降通常发生在未完全固结成岩的近代沉积地层中，其密度较低、孔隙度较高，孔隙常为液体充填。地面沉降实质上是这些地层的渗透固结过程的继续。

（2）外在因素：地球内应力作用，包括地壳运动、地震、火山运动等。由地壳运动引起的地面沉降，其沉降速率低，一般不构成灾害后果；大地震后可能引起短期的沉降速率增加，但很快就转平稳。地球外应力作用包括溶解、氧化、冻融等作用。

人为因素也是诱发高速率地面沉降的重要因素，主要包括开发利用地下矿产资源（如地下水、石油、天然气等）、大面积农田灌溉、地面振动荷载、岩溶塌陷、在软土地区开采与工程建设有关的固结沉降等。

在实际工程监测中，若要预测地面沉降的可能性和危害程度，首先应估算沉降量，以预测其发展趋势；结合当地水资源评价，研究确定地下水资源的合理开采方案，最后采取适当的建筑措施，预先对可能发生地面沉降的区域作充分考虑。地面沉降的防治主要有两种方法，即表面治理措施和根本治理措施。表面治理指主要从减少沉降的量去采取措施。根本治理措施具体有两种：第一，人工补给地下水（人工回灌）；第二，减少或停止开采地下水，调整开采层次，以地面水源代替地下水源，减少水位降深。

6.2.2　监测地面沉降的方法

监测地面沉降的方法一般有四种：传统监测方法、GNSS监测、合成孔径干涉雷达监测和传感器监测。传统的监测方法主要指水准测量，水准测量又名"几何水准测量"，是用水准仪和水准尺测定地面上两点间高差的方法。具体为在两点间安置水准仪，观测竖立在两点上的水准标尺，按标尺上读数推算两点间的高差。通常由水准原点或任一已知高程点出发，沿选定的水准路线逐站测定各点的高程。水准测量方法精度很高，但只能在比较小的范围内开展工作，对于大规模的区域地面沉降监测应该采用GNSS监测进行测量。合成孔径干涉雷达监测是一种卫星遥感技术。这种测量方法使用两幅或多幅合成孔径雷达影像图，根据卫星或飞机接收到的回波的相位差来生成数字高程模型或者地表形变图。其中，GNSS作为一种新的现代空间定位技术，在变形监测领域得到了广泛的应用。用GNSS同时测定三维坐标的方法将测绘定位技术从陆地和近海扩展到整个海洋和外层空间，从静态扩展到动态，从单点定位扩展到局部与广域差分，从事后处理扩展到实时（准实时）定位与导航，绝对精度和相对精度扩展到米级、厘米级甚至亚毫米级，从而大大拓宽了它的应用范围和在各行各业中的作用。它的基本原理是测量出已知位置的卫星到用户接收机之间的距离，再综合多颗卫星的数据就能知道接收机的具体位置。值得注意的是，必须同时有四颗GNSS卫星才能对一点进行精确定位。GNSS监测原理如图6.14所示。

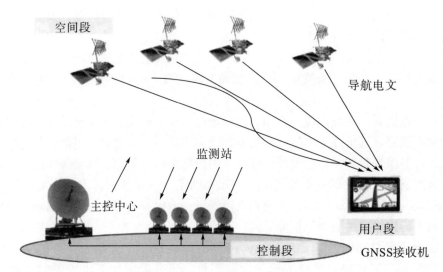

图 6.14 GNSS 监测原理示意图

与传统的测量技术相比较，GNSS 监测有以下特点：①定位精度高；②观测时间短；③测站间无须通视；④可提供三维坐标；⑤全天候工作；⑥操作简便。

干涉合成孔径雷达测量技术是以 SAR 复数据提取的相位信息为信息源，获取地表的三维信息和变化信息的一项技术。InSAR 通过两副天线同时观测或两次近平行的观测，获取地面同一景观的复图像对，由于目标与两天线位置的几何关系在复图像上产生了相位差，形成干涉纹图。干涉纹图中包含了斜距向上的点与两天线位置之差的精确信息，因此利用传感器高度、雷达波长、波束视向及天线基线距之间的几何关系，可以精确地测量出图像上每一点的三维位置和变化信息。InSAR 监测原理如图 6.15 所示。

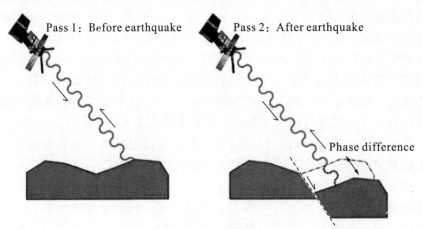

图 6.15 InSAR 监测原理示意图

传感器监测是通过在沉降区埋设、布置分层沉降仪等各种传感器，将地面沉降的信号转换电信号、磁信号、光信号收集起来进行实时监测。这种方法的优点是实时监测，实现地表沉降值的精确测量；缺点是价格昂贵，易被破坏，同时对施工造成干扰，只适用于小范围的沉降监测。

6.2.3　地面沉降监测方案的设计

本节以天津市为例，介绍基于不同沉降监测方法的地面沉降监测方案的设计。

在设计 GNSS 监测方案时，应提前明确监测目的。本例中，监测目的是通过 GNSS 监测掌握天津地区的沉降数据。通过上述地面沉降监测，分析天津地区地面沉降的原因并实时验证设计方案和施工治理效果，为地质灾害预测和环境治理提供必要的依据。实现超前预报，确保监测期间工作人员和当地居民的生命财产安全。

具体操作要求与过程如下：

（1）埋设现场应具备 GNSS 监测点的客观条件并便于 GNSS 监测点的长期保存。

（2）一、二级网观测墩可在现场浇筑，也可先行预制，但其底座必须现场浇筑。为便于高程联测，底座上必须同时埋设不锈钢标志。

（3）GNSS 固定站现场拼装观测台、底座时，必须保证各连接螺丝拧紧到位，并保持顶部钢板水平。

（4）GNSS 固定站、观测墩应根据现场条件分别制定标牌，注明点号、联系单位、联系方式及"测量标志、严禁破坏"的标志。

（5）标石埋设后，必须经过（至少）一个雨季后方可用于观测。基岩点埋设后，必须经过（至少）一个月以后方可用于观测。

天津市地面沉降 GNSS 监测网络由 GNSS 基准站网和一级 GNSS 监测网两部分组成。全市范围内共建设 11 座 GNSS 基准站和 35 个一级 GNSS 监测点，基本形成了 GNSS 监测的骨干网络体系。

在 GNSS 监测过程中，观测组需严格按前期规定的时间进行作业。经检查接收机电源电缆和天线等各项连接无误，方可开机。开机后检验有关指示灯与仪表显示是否正常。接收机启动前与作业过程中，随时逐项填写测量手簿中的记录项目。每时段观测开始、结束前各记录一次天线高、天气状况等。外业观测数据及时传输、存储、备份，并由专人保管。GNSS 监测网以连续运行卫星定位服务系统的国际 IGS 站长期观测的坐标作为起算点，采用 GAMIT 软件计算基线数据，采用武汉大学编制的 GNSS 平差软件 Power Net（又名 Power ADJ 科研软件）进行网平差，计算得到各点的三维坐标，并以第一次观测的大地高作为 GNSS 监测点高程观测的初始比较值。为保证 GNSS 监测网的监测成果质量，每期进行观测的仪器设备、网型基本固定。

总体上看本例的处理结果是 GNSS 测量与水准测量的成果基本一致。分析具体数据，GNSS 测量成果与水准测量成果二者较差小于 $\pm 5mm$ 的站点有 12 个，占比为 43%；较差在 5~10mm 的站点有 9 个，占比 32%；较差在 10~20mm 的站点有 5 个，占比 18%；较差大于 20mm 的站点有 2 个，占比 7%。分析以上数据可知，75% 的站点较差小于 10mm，收集到的水准测量平均沉降值约为 30mm，充分说明数据解算的高精度和可靠性。

InSAR 监测地面沉降。实验所需影像选用升降轨哨兵 1 号 SAR 影像数据，卫星轨道数据由欧州航天局提供精密轨道数据和美国航空航天局提供的 SRTM3 DEM，其

DEM 分辨率为 90m，精度为±30m，用于去除地形相位。

　　数据处理流程为选取主影像及干涉对组合，配准主辅影像，生成差分干涉图，选取 PS 后候选点，估计和去除大气延迟相位，估计 PS 点形变速率，绘制形变速率图。图 6.16 和图 6.17 为天津市监测数据处理结果。

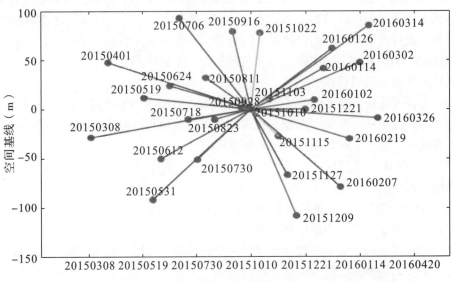

图 6.16　时空基线图

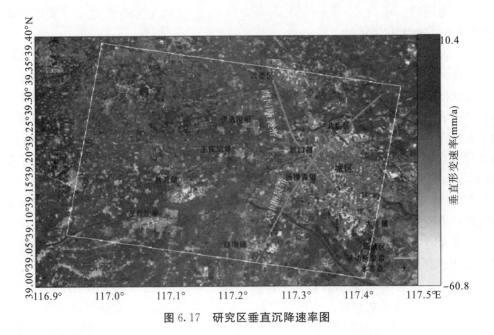

图 6.17　研究区垂直沉降速率图

　　为了评估 PS-InSAR 监测成果的精度，我们选取天津大寺镇地区 2015—2016 年 18 个水准点位的沉降速率与 InSAR 技术获取的水准点位附近的 PS 点的沉降速率进行对比，PS-InSAR 监测结果与水准测量成果误差均在 2mm/a 以内，且两组数据的差值中误差为±0.94mm/a（表 6-1）。由此可推断出 PS-InSAR 监测成果精度达 mm/a 级。此外，通过公式计算 PS-InSAR 监测成果与水准测量成果的相关系数 R^2。PS-InSAR监测成果与水准测量成果的相关性比较如图 6.18 所示，由图可知，相关系数 R^2 为0.95，两者的拟合曲线 $y = 0.978x - 0.1678$，与参考曲线 $y = x$ 十分接近。这说明 PS-InSAR 监测成果与水准测量成果具有较高的一致性。

表 6-1　水准测量成果和 PS-InSAR 监测成果对比

水准点号点	水准沉降速率（mm/a）	PS-INSAR 垂直向形变速率（mm/a）	差值（mm/a）
1	+5.0	+5.4	-0.4
2	+9.2	+8.4	+0.8
3	-18.0	-17.2	-0.8
4	-6.0	-5.5	-0.5
5	-1.8	-2.2	+0.4
6	-8.0	-7.4	-0.6
7	-15.9	-15.0	-0.9
8	-4.6	-5.1	+0.5
9	+10.2	+9.4	+0.8
10	-22.8	-24.5	+1.7
11	-28.4	-27.0	-1.4
12	-1.7	-1.2	-0.5
13	-24.9	-26.2	+1.3
14	+2.1	+1.8	+0.3
15	-20.5	-19.6	-0.9
16	+7.2	+6.8	+0.4
17	-36.9	-34.8	-2.1
18	-8.7	-9.3	+0.6
差值中误差			±0.94

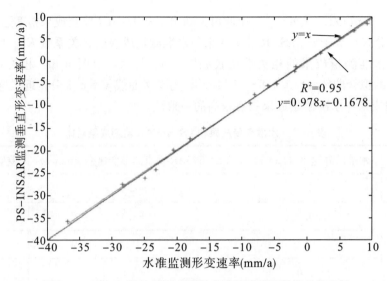

图 6.18 PS-InSAR 监测成果与水准测量成果的相关性比较

水准测量作为传统的地面沉降监测方法，具有前期投入小、施工过程简单的优点，精度能够满足工程设计需求。但是，一般认为水准测量受经费和人力的限制，一般布点少、路线稀疏、监测周期长、时空分辨率较低，已经难以满足现代防灾减灾对地表形变快速和大范围监测的需求，只适用于小范围地面沉降监测。

GNSS 具有全天候、自动化测量精度高、成果稳定可靠等优点。在控制测量、施工测量、变形监测等领域具有广阔的应用前景。但 GNSS 设备比较昂贵，一般难以进行大规模的布网监测。同时，GNSS 的高程测量精度也低于平面测量精度，这在某种程度上影响了其在沉降监测方面的推广应用。

InSAR 技术是近四十年发展起来的一种新型空间大地形变测量技术。凭借其全天时、全天候、大范围（几十公里到几百公里）、高精度（厘米到毫米级）和高空间分辨率（几米到几十米）的优势，InSAR 技术已经得到越来越多专家学者的认可，并被广泛应用于各种地表形变监测领域。然而，InSAR 技术的应用和推广仍然受到至少三个方面的限制。一是 InSAR 测量的时间分辨率较低，取决于 SAR 卫星的重返周期；二是 InSAR 测量成果的精度受到时间、空间失相干和大气延迟的影响；三是 InSAR 只能获取地表形变在雷达视线方向（Line-Of-Sight，LOS）上的一维投影。

上述各种精密工程测量方法都离不开数据收集，在进行研究前应根据现有条件，收集不同时期高程信息和区域地物特征信息的相关资料，如地形图、区域地质图及沉积物类型等，利用 GIS 技术进行采集、分析、整理，提取出研究区域的地表形变信息和地物分布特征。然后，根据不同时期区域地面沉降变化趋势及其发展演化特点选取相应的监测技术方法，对近期地面沉降做高精度、针对性监测。

结合大地测量反演、地震波探测、大地电磁等技术方法获得研究区域深部动力机制特征，基于数学物理模型，对区域三维形变速率和深部构造特征进行反演。在区域地质调查研究的基础上，研究区域沉降现象的发展机理，并分析其地质环境效应以及预测其演化趋势，为国土主体功能区划、城市发展、重大工程规划布局、防灾减灾提供科学依据。

6.3 InSAR 技术滑坡监测应用实例

滑坡是指斜坡上的岩土体在自然或人为因素的影响下失去稳定，沿贯通的破坏面整体下滑的现象。滑坡是一种常见的地质灾害，分布广、危害大，其引起的山体垮塌以及暴雨后形成的泥石流常给国家建设和人民生命财产造成严重损失。传统的监测和预警主要是采用倾斜仪、位移计、应力计等仪器现场观测，以及利用 GPS、时域反射技术（TDR）等远程监测。传统的监测技术限于单体监测，很难应用到人员难以进入的区域及大面积区域监测上，且成本高、耗时长。

卫星遥感技术能够提供一次覆盖几百至上千平方公里范围的数据且无需人员进入，在对大范围自然山区的滑坡监测上具有无法比拟的优势。InSAR 技术与传统的 GPS、水准测量等基于离散点的形变监测技术相比，在地表形变探测方面具有明显的特点和长处，主要表现在以下几个方面：

（1）监测精度高。雷达图像分辨率可达米级，InSAR 技术可监测到毫米级的地表形变。

（2）监测范围广。目前获取数据的雷达主要以卫星或飞机作为搭载平台，它的特点是飞得高、视域广、监测范围大，一次就可监测地表上百至上千平方千米的范围，能够对城区及山区实现全覆盖监测。

（3）监测连续性。雷达按一定的时间间隔对地面同一目标进行周期或非周期的长期观测，数据更新快，数据量丰富，可监测地面目标在时间序列上的连续形变过程。

（4）全天时全天候，受天气影响小。雷达发射微波信号，使用探测频段较长，在夜晚、大雾、云和雨等条件下也能对目标进行形变监测，受天气影响较小，可全天时全天候获取数据，具备长时间连续工作的能力。但是，在极恶劣天气条件下，相位信息受噪声影响较大，形变监测精度可能会降低。

（5）监测实施方便容易。传统监测方法需要布设水准点，而雷达沉降监测不受这些条件的限制，一般只需卫星获取地表影像即可，给沉降监测带来很大便利。

（6）成本相对低。InSAR 技术不需要观测网的布设和维护费用，获取数据的成本相对不高，所以在大面积、时间长的沉降监测时成本相对较低。

合成孔径雷达差分干涉测量（D-InSAR）是近年来在干涉雷达基础上发展起来的一种微波遥感技术，具有高灵敏度、高空间分辨率、宽覆盖率、全天候等特点，对地表微小形变具有厘米甚至更小尺度的探测能力，使其在对地震形变、地表沉陷及火山活动等大范围地表变形的测量研究中迅速得到广泛应用。

差分干涉测量获取地表形变信息的方法有 3 种：DEM 的双轨法、三轨法和四轨法。下面以三峡库区为例介绍利用 D-InSAR 技术获取该地区地表形变结果。

DEM 的双轨法又称二轨法，它是利用试验区地表变化前后两幅影像生成干涉纹图，再利用事先获取的 DEM 数据模拟干涉纹图，最后从干涉纹图中去除地形信息就得到地表变化信息。这种方法的优点是无需进行相位解缠，可减少处理工作量；缺点是在无 DEM 的地区无法采用上述方法。另外，在引入数字高程模型数据的同时有可能带来新的误差。D-InSAR 工作原理如图 6.19 所示。

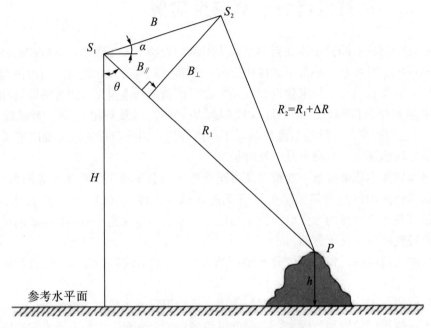

图 6.19　D-InSAR 工作原理示意图

图 6.19 中 S_1 和 S_2 分别为主、辅图像传感器；B 为基线距离；α 为基线与水平方向的倾角；θ 为主图像入射角；H 为主图像传感器相对地面高度；R_1 和 R_2 分别为主、辅图像斜距；ΔR 为主辅图像斜距变化量；P 为地面目标点；h 为高程；$B_{/\!/}$ 和 $B_\perp$ 分别为基线 B 在斜距向平行和垂直方向上的投影分量。

雷达干涉相位 φ_{int} 的组成为

$$\varphi_{int} = \varphi_{top} + \varphi_{def} + \varphi_{flat} + \varphi_{atm} + \varphi_{noi} + 2k\pi \tag{6-1}$$

式中，φ_{top} 为地形起伏引起的地形相位；φ_{def} 为地表引起的形变相位；φ_{flat} 为参考椭球面引起的参考相位，即平地相位；φ_{atm} 为大气延迟引起的延迟相位；φ_{noi} 为处理误差及热噪声引起的噪声相位；k 为整周模糊度；π 为周期。

各相位分量如下：

$$\varphi_{top} = -\frac{4\pi}{\lambda} \frac{B\cos(\theta - \alpha)\Delta h}{R\sin\theta} = -\frac{4\pi B_\perp \Delta h}{\lambda R\sin\theta} \tag{6-2}$$

$$\varphi_{def} = -\frac{4\pi \Delta r}{\lambda} \tag{6-3}$$

$$\varphi_{flat} = -\frac{4\pi}{\lambda} \frac{B\cos(\theta - \alpha)\Delta R}{R\tan\theta} = -\frac{4\pi B_\perp \Delta R}{\lambda R\tan\theta} \tag{6-4}$$

$$\varphi_{atm} = -\frac{4\pi \delta r}{\lambda} \tag{6-5}$$

式中，λ 为波长；Δh 为目标物两次成像的形变量；Δr 为沿雷达视线向的地面形变量；R 为卫星到地面的斜距；r 为外部 DEM 高程；δr 为两个成像时刻在斜距方向上的大气延迟。由式（6−1）至式（6−5）可知，将其余相位去除即可得地表形变信息。

研究区位于湖北宜昌市秭归县，地处我国地形第二阶梯向第三阶梯的过渡地带，多为中低山和侵蚀峡谷地貌，地势上东高西低①。从研究区的 DEM 可以看出（图 6.20），该地区的地形起伏很大，高程范围为 0～3000m。该研究区位于黄陵背斜西翼和秭归向斜，出露地层从志留系到侏罗系，由东往西地层渐新。

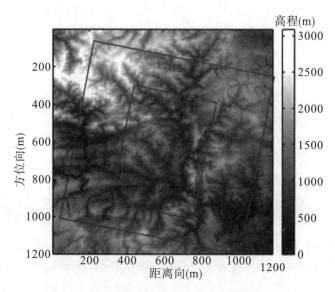

图 6.20　研究区数字高程模型和试验数据覆盖范围

表 6−2　实验数据基本参数对照

参数	ASAR 数据	TerraSAR−X 数据
数据编号	T75F2979	Strip−005
飞行方向	降轨	降轨
脉冲重复频率	1652Hz	3611Hz
中心入射角	23°	25°
极化方式	VV	VV
方位向采样间距	4	2
距离向采样间距	8	1
影像覆盖范围	109km×104km	30km×50km
波长	0.056m	0.031m
重访周期	35 天	11 天

---

① 数据来源于：廖明生，唐婧，王腾等. 高分辨率 SAR 数据在三峡库区滑坡监测中的应用 [J]. 中国科学：地球科学，2012，42（2）：217−229.

为了比较 ASAR 和 TerraSAR－X 数据的相干性,我们将同一时间段的雷达影像生成的两幅差分干涉图进行比较,秭归县差分干涉影像对参数见表 6.3。从 ASAR 数据幅度影像叠加差分相位图(图 6.21)来看,只有在城镇等人工建筑密集的地方才能看出一些条纹,如图中圆圈标注的归州镇,其他地方的相位条纹完全湮没在噪声中。但是在图 6.22 中,各滑坡体所对应的位置都清晰可见。另外我们发现,新滩、黄阳畔和白水河等滑坡体没有明显的形变条纹。在树坪滑坡体角反射器分布的区域,不同分辨率数据的相干图有很大的差别,总体来说前者的相干性要好于 ASAR 数据,这主要得益于 TerraSAR－X 数据的高空间分辨率。另外,为了研究高分辨率在滑坡体探测方面的应用,可以结合幅度信息和差分相位信息来尝试确定滑坡发生的时间段、地点以及滑坡前后的形变大小。例如,从图 6.23 所示的幅度影像变化序列清楚地展现滑坡所发生的位置。据报道,2008 年 8 月 30 日秭归县沙镇溪镇香山路发生滑坡,这与我们利用 TerraSAR－X 数据发现的结果是一致的。此外,为描述滑坡发生前后形变的大小,我们分别采用 2009 年 7 月 21 日、8 月 23 日、9 月 14 日和 10 月 17 日的数据进行 D－InSAR 处理分析,这两组数据的垂直基线分别为 31.7m 和 20.7m,如图 6.24 所示,滑坡体所在的位置在滑坡前有比较大的形变,而在滑坡后该地区趋于稳定。其中方框所在的位置是千将坪滑坡在 2003 年发生滑坡后其后缘所出现的高达百米左右的陡壁,在幅度影像上可以看出该区域岩体呈现明显的灰白色,在差分干涉图上可以看出该地区有明显的相位条纹,这主要是由于外部 DEM 的时效性不足所致。

表 6－3　秭归县差分干涉影像对参数表

		获取时间	水位(m)	时间基线(天)	垂直极限(天)
ASAR 数据	主影像	2009－11－18	170.85	70	－41.6
	从影像	2009－08－30	146.32		
TerraSAR－X 数据	主影像	2009－11－06	170.87	55	－29
	从影像	2009－09－12	145.26		

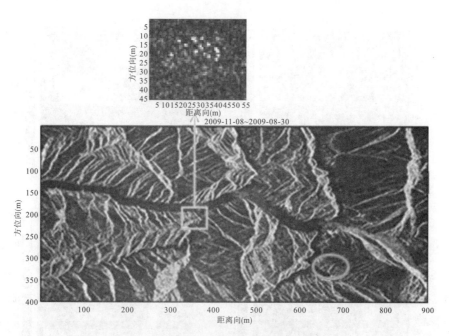

图 6.21 ASAR 数据幅度影像叠加差分相位
（小图为树坪地区角反射器区域的相干图）

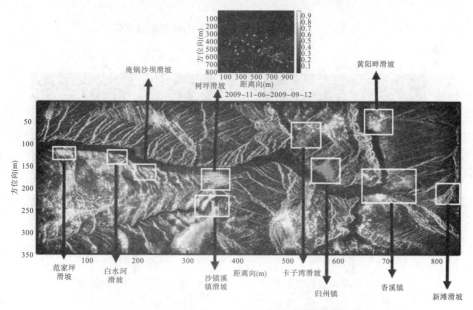

图 6.22 TerraSAR-X 数据幅度影像叠加差分相位
（小图为树坪地区角反射器区域的相干图）

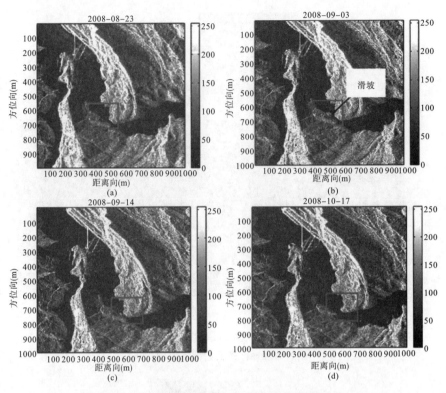

图 6.23　沙镇溪镇滑坡发生前后的幅度影像变化

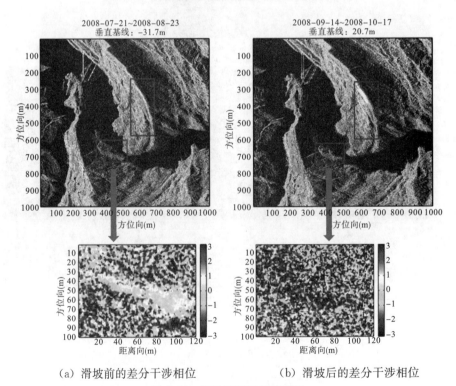

（a）滑坡前的差分干涉相位　　　　　（b）滑坡后的差分干涉相位

图 6.24　滑坡前后的形变相位

此项研究表明，结合高分辨率 TerraSAR－X 数据的幅度和相位信息，我们能够确定滑坡发生的位置、时间段以及形变大小。针对三峡库区 InSAR 数据会出现严重的失相干以及大气效应的问题，应用时间序列 InSAR 技术可捕捉已知滑坡体上的缓慢形变。研究结果表明，水库无论是在高水位还是低水位运行，滑坡体都不会产生太大的形变。但是，在水位剧烈上升或是下降时，滑坡体的形变一般会随着水位的变化而加剧。通过对比 T 数据与 A 数据解算出的形变结果，可得出短重访周期以及较高的像元分辨率能够得到分布更密集的地表形变测量结果，在地质灾害监测与防治工作中具有广阔的应用前景。

6.4 边坡工程监测应用实例

边坡是指自然或者人工形成的斜坡，针对边坡进行相关监测是十分必要的。边坡工程主要应用于交通、建筑、水利和矿山等各个建设领域。除了对边坡工程进行常规的工程地质调查、测绘、勘探、试验和稳定性评价，还应及时有效地开展边坡工程的动态监测，预测边坡失稳的可能性和滑坡的风险性，并提出相应的防灾减灾措施。

边坡监测的内容主要包括施工安全监测、处治效果监测和动态长期监测。施工安全监测指在施工期对边坡的位移、应力、地下水等进行监测，监测结果是指导施工、反馈设计的重要依据，是实施信息化施工的重要内容。处治效果监测是检验边坡处治设计和施工效果，判断边坡处治后的稳定性的重要手段。一方面可以了解边坡体变形破坏特征，另一方面可以针对实施的工程进行监测。动态长期监测主要指在防治工程竣工后，对边坡体进行动态跟踪，了解边坡体稳定性变化特征。实际工程中主要的监测项目包括裂缝监测、位移监测、滑动面监测、地表水监测、地下水监测、降雨量监测、应力监测以及宏观变形迹象监测。

现以××电厂为例，介绍精密工程测量与变形监测在实际工程中的应用。××电厂位于三峡库区，奉节新县城以北约 10km 的××镇××村。厂区属剥蚀的低山、丘陵地貌，该电厂东北方有一浑圆形丘包，三面环河，如图 6.25 所示。

图 6.25　××电厂实景图

　　××电厂在施工期间发现烟囱基坑边墙上出现一系列的破裂现象，如图 6.26 所示。图 6.27 是××电厂的全景图，图中圈起来的部分是存在边坡隐患的位置：1 号区域是厂区变压器厂房左边新建储煤罐的周边斜坡；2 号区域是码头旁边的滑坡；3 号区域是大烟囱下方的斜坡；4 号区域是冷却塔下方至公路 AB 线之间的斜坡。

图 6.26　烟囱基坑边墙上出现一系列的破裂现象

图 6.27　××电厂位置示意图

　　针对厂区的实际情况，结合精密工程测量技术，对主厂区、煤场、厂外的边坡、挡土墙以及需要监测的区域进行变形监测。

　　（1）监测目的。

　　①施工安全监测阶段对边坡体进行实时监控，是为了了解因工程扰动等原因对边坡体造成的影响，并及时将信息反馈给设计和施工单位，以便及时调整设计方案和指导工程实施。

　　②对边坡体的变化进行监测和对实施的工程措施进行监测，可以作为工程竣工验收的相关依据，还可以检验边坡的治理效果，以便及时进行修正和弥补。

　　③对治理后的边坡进行动态跟踪，了解其稳定性变化特征，以便对灾害的长期稳定性和工程的实用性能做出评价。

　　（2）监测设计原则。

　　①监测工作系统化。应委托有相应资质的监测单位对边坡在施工中、后期进行全程监测。

　　②监测设施的布置应考虑长久、稳定、可靠、不易被破坏，所有的基准点均应选埋在边坡影响范围外稳定的基岩上。

　　③选择监测方法和仪器时应综合考虑，仪器要有足够的精度和灵敏度，以便能准确反映边坡变形动态以及主要的技术要求。如观测点测站高差误差、观测点坐标误差、裂缝宽度测量精度。

（3）监测周期与频率。

一般情况下，本工程边坡、挡墙监测频率在施工阶段是 3~7 日观测一次；在运行阶段，日常巡视检查 4 次/月，变形监测 2 次/月，雨季增加到 3 次/月。

（4）处理已获取的数据。

①检查原始记录、剔除粗差，超限补测。

②绘制略图，平差计算。

③编制成果表，绘制变形过程曲线。

④成果分析。

⑤提交资料。

边坡工程监测有许多方法，对××电厂的监测中主要用到以下五种监测方法：①人工巡视。巡视检查是边坡监测工作的主要内容，它不仅可以及时发现险情，而且能系统地记录并描述边坡施工和周边环境变化过程，及时发现不利的地质状况。②裂缝监测。裂缝监测主要分为测点设置、埋设要点和测试要点。裂缝一般产生在边坡平台或边坡体边缘，部分分布在边坡体上结构层，人工巡视中在发现裂缝的位置埋设裂缝监测点。如果边坡在开挖过程中坡面没有出现裂缝，则此类测点无需布置，埋设好要点后需要对要点进行测试，实际工程常选用游标卡尺监测边坡的变形裂缝。③坡面观测。观测网采用方格形网络，边坡体上的观测点应布置在各级边坡平台上，每级平台不少于 3 个观测点，观测点间距为 15~30m，对可能形成的滑动带、重点监测部位应加深加密布点。当同一边坡有深层位移观测点时，坡面其中一条纵向观测线应与深层位移观测点在同一直线上，以便相互验证和对比分析观测数据。监测基点设置在稳定的区域并远离监测坡体，避免在松动的表层上设点。测点埋设应在边坡开挖前完成。④沉降观测和水平位移观测。沉降观测采用沉降板，沉降板底槽平整，其下铺设 60cm×60cm 的砂垫层，沉降板的金属测杆套管和接驳的垂直偏差率不大于 1.5%，每断面按设计分左中右安置沉降板。水平位移观测采用位移边桩，位移边桩埋设在路堤两侧趾部，每侧 2 个。⑤深部变形专项监测。使用水位测量仪对 2♯电除尘器、1♯主部位进行地下水位测量。

利用电厂的平面布置图，根据施工放样的需要进行施工控制网的方案设计，共布设 10 个控制点、30 条基线、17 个三角环，图形结构好，多余观测数量充足。

布设控制网并保证其精度，需选用高精度的仪器，本工程选用了 Trimble GPS R8 接收机 4 套、Leica TS30 全站仪 1 套、LeicaDNA03 电子精密水准仪 1 套来完成本次测量任务。IS01、IS08 为平面控制的起算点，IS03 作为平差计算的检测点。水准测量选择 IS03 作为高程起算点。GPS 网观测采用快速静态测量，基线解算采用 Trimble Business Center（Version 2.80）软件，每条基线解算结果满足精度要求。异步环闭合差最大值的三角形其闭合差也小于允许闭合差。平面平差计算也采用 Trimble Business Center（Version 2.80）软件，并在 1954 年北京坐标系下进行。精度满足要求。厂区施工控制网水准采用控制测量与变形监测—DDM6.0 软件进行高程平差计算，偶然中误差也满足要求。控制网 GPS 平差计算完成后，采用 Leica TCA2003 全站仪对本成果进行检测。基线解算报告及控制点坐标高程见表 6-4、表 6-5。

表 6-4 基线解算报告

观测	开始	结束	解类型	水平精度（m）	垂直精度（m）	大地方位角	椭球距离（m）	高度增量（m）
IS01 —IS03（B23）	IS03	IS01	固定	0.002	0.004	313°39′16″	207.149	1.115
IS12—IS01（B8）	IS12	IS01	固定	0.002	0.004	8°39′50″	493.483	49.124
IS12—IS01（B9）	IS12	IS01	固定	0.002	0.003	8°39′50″	493.481	49.124
IS03（B29）	IS01	IS03	固定	0.001	0.003	133°39′10″	207.152	−1.119
IS12—IS03（B21）	IS12	IS03	固定	0.003	0.004	33°01′51″	411.339	48.006
IS13—IS01（B2）	IS01	IS13	固定	0.004	0.005	169°20′37″	372.877	−50.038
IS03（B25）	IS12	IS03	固定	0.002	0.005	33°01′52″	411.342	48.004
IS13—IS01（B1）	IS01	IS13	固定	0.002	0.005	169°20′38″	372.876	−50.033
IS13—IS03（B32）	IS13	IS03	固定	0.002	0.003	19°54′33″	237.657	48.908
IS13—IS03（B22）	IS13	IS03	固定	0.003	0.005	19°54′36″	237.661	48.921
IS12（B40）	IS14	IS12	固定	0.002	0.004	279°53′47″	227.954	−4.406
IS13—IS12（B7）	IS13	IS12	固定	0.001	0.003	229°43′38″	187.805	0.915
IS12（B38）	IS13	IS12	固定	0.002	0.005	229°43′37″	187.807	0.910
IS12（B39）	IS14	IS12	固定	0.002	0.004	279°53′47″	227.963	−4.404
IS14—IS15（B17）	IS14	IS15	固定	0.002	0.005	52°08′03″	163.303	−0.522
IS15—IS14（B13）	IS14	IS15	固定	0.002	0.003	52°08′05″	163.303	−0.540
IS12（B36）	IS15	IS12	固定	0.003	0.004	260°12′03″	358.733	−3.856
IS12（B35）	IS15	IS12	固定	0.003	0.007	260°12′03″	358.726	−3.882
IS13—IS14（B6）	IS13	IS14	固定	0.002	0.005	153°09′11″	179.984	5.310
IS13—IS14（B3）	IS13	IS14	固定	0.002	0.004	153°09′09″	179.982	5.319
IS13—IS15（B11）	IS13	IS15	固定	0.002	0.004	106°01′02″	218.694	4.779
IS13—IS15（B16）	IS13	IS15	固定	0.003	0.007	106°01′02″	218.698	4.774
IS15—IS08（B15）	IS15	IS08	固定	0.005	0.005	21°10′22″	388.570	45.125
IS15—IS08（B14）	IS15	IS08	固定	0.003	0.004	21°10′18″	388.569	45.133
IS15—IS03（B31）	IS15	IS03	固定	0.004	0.005	335°30′38″	311.852	44.150
IS03（B24）	IS15	IS03	固定	0.002	0.005	335°30′41″	311.851	44.137
IS13—IS08（B5）	IS13	IS08	固定	0.002	0.008	49°15′14″	462.689	49.699
IS13—IS08（B4）	IS13	IS08	固定	0.003	0.005	49°15′11″	462.689	49.891
IS08—IS03（B33）	IS08	IS03	固定	0.003	0.004	253°45′26″	280.814	−0.983
IS03（B28）	IS08	IS03	固定	0.002	0.003	253°45′29″	280.814	−0.984

表6-5 控制点坐标高程

检索号	Q10751S			工程名称		××电厂新建工程				第1页
制表	戈××			校核		戈××				20××年××月×日

序号	控制点名称（控制点号）	控制点等级	标桩材料	坐标 +	X	坐标 +	Y	高程 H	高程等级	点位位置	备注
1	IS12	一级施工	观测墩		527.132		414.814	213.651	二等水准高程	—	电厂建筑坐标系，投影面高程262m，1956年黄海高程。
2	IS13	一级施工	观测墩		510.828		601.914	212.677	二等水准高程	—	
3	IS14	一级施工	观测墩		340.052		545.083	217.491	二等水准高程	—	
4	IS15	一级施工	观测墩		319.052		707.037	217.492	二等水准高程	—	
5	E36	一级施工	刻石		3447703.834		639946.074	608.904	GPS高程	—	1954年北京坐标系，投影面高程261.5m，1956年黄海高程。
6	E37	一级施工	刻石		3448067.159		639555.773	665.256	GPS高程	—	
7	IS20	一级施工	刻石		3447875.366		639608.512	616.649	GPS高程	—	
8	IS21	一级施工	刻石		3447740.591		639803.551	610.172	GPS高程	—	

前期所有准备工作做完后，就要开始在监测范围内布设变形监测网（位移监测基准网、水平位移监测基准网、垂直位移监测基准网）。

位移监测基准网是位移观测的基础，基准点的稳定性、可靠性是监测成果质量的重要保证。位移监测基准网按位移的方向分为水平位移监测基准网和垂直位移监测基准网。根据边坡、挡墙情况和观测仪器的精度，本工程布设 4 个水平位移观测基准点，3个垂直位移监测基准点。

在上述监测基准网布设完成后，要对监测基准网进行检验。在整个监测期间，位移监测基准点应保持稳定，但受外界条件影响，位移监测部分基准点可能发生沉降。因此，须定期对基准网的稳定性进行检测，一般每 4 个月检测一次。

以特种材料库北侧挡墙为例详细介绍监测过程，本例工程中的特种材料库北侧挡墙上有 4 个监测点。根据厂区平面布置图及监测点实地点位，布网时应避开对观测有影响的地段，以边连式的布网方式布设 GPS 网。本次监测点静态观测 GPS 网中以厂区控制点 IS03、IS05 作为静态观测的已知坐标点，最终该区域 GPS 网布设情况如图 6.28所示。

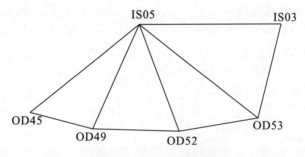

图 6.28 GPS 网布设情况

该区域监测点高程测量采用二等水准测量往返测量的方式进行，根据监测点的实际点位分布，设计水准测量路线如图 6.29 所示。其中，采用厂区控制点 IS02 作为基准点。

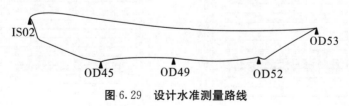

图 6.29 设计水准测量路线

根据实地状况以及委托方要求，对需监测的边坡、挡土墙分区段进行重新设计。共计布设 29 条与挡土墙垂直的监测线以及 91 个监测点。每条监测线由上至下布设 2～5个监测点，另建设 2 个地下水位测量点。监测点位布设图如图 6.30 所示。

图 6.30　监测点位布设图

至此，整个监测流程已基本完成，以下主要对边坡工程监测的部分成果进行展示。

选取码头滑坡区域的监测点展示，图 6.31、图 6.32 是码头滑坡区域监测点的 X，Y 方向变化折线图。在码头滑坡区域的 12 个监测点中，沉降量最大的点是 1 号点，沉降量为 3.51mm。沉降量最小的点是 12 号点，沉降量为 3.03mm。

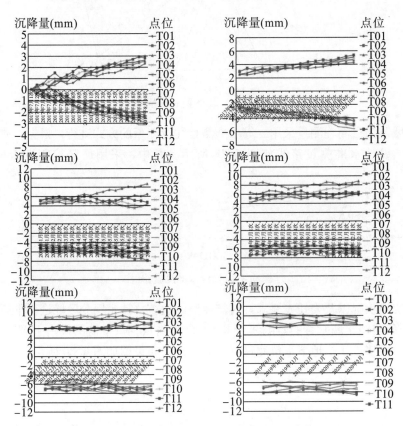

图 6.31　码头滑坡区域监测点的 X 方向变化折线图

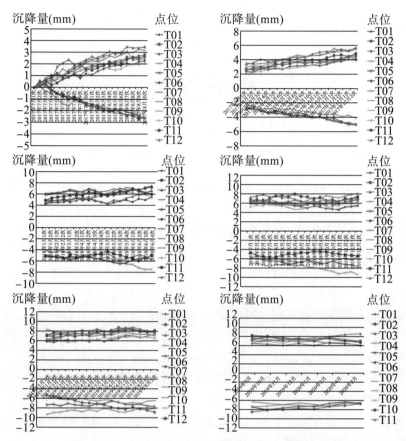

图 6.32　码头滑坡区域监测点的 Y 方向变化折线图

在这 12 个监测点中，位移量最大的观测点是 10 号，X 方向位移量为 7.30mm，Y 方向位移量为 8.60mm；位移量最小的观测点是 4 号点，X 方向位移量为 6.02mm，Y 方向位移量为 6.80mm。监测点位移量、沉降量处于沉降规范限差内，监测点处于稳定状态。

根据《地质灾害防治工程技术规范》《混凝土结构设计规范》和相关技术规范的要求，对××电厂进行了码头项目滑坡治理区域变形监测，监测项目分施工安全监测、处治效果监测和动态长期监测，总周期 3 年，自 2017 年 5 月起至 2020 年 4 月止。

根据区域监测点的观测成果分析，厂区沉降监测和水平位移监测的个别监测点位累计变化量偏大，但仍处于报警值范围内。码头区域变形监测中所测数据累计变化量变化较小，均处于正常范围内。经过对××电厂 3 年时间的沉降观测发现，各区域沉降基本均匀，观测点平均累计沉降量和位移量小于规范规定的平均沉降量和位移量允许变形值，可认为××电厂的沉降与位移已进入稳定阶段。

参考文献

［1］杨位钦，张志方. 动态数据系统（DDS）方法的应用和建模［J］. 机器人，1981，3（3）：18—26.

［2］杨杰，吴中如，顾冲时. 大坝变形监测的 BP 网络模型与预报研究［J］. 西安理工大学学报，2001（1）：25—29.

［3］傅惠民. 模糊回归分析和数据融合方法［J］. 中国安全科学学报，2002，12（6）：73—76.

［4］黄声享. 变形监测数据处理［M］. 武汉：武汉大学出版社，2003.

［5］何秀凤，桑文刚，杨光. 伪卫星增强 GPS 精密定位新方法［J］. 东南大学学报（自然科学版），2005，35（3）：460—464.

［6］张正禄，邓勇，罗长林，等. 论精密工程测量及其应用［J］. 测绘通报，2006（5）：17—20.

［7］王利，李亚红，刘万林. 卡尔曼滤波在大坝动态变形监测数据处理中的应用［J］. 西安科技大学学报，2006（3）：353—357.

［8］岳建平，方露，黎昵. 变形监测理论与技术研究进展［J］. 测绘通报，2007（7）：1—4.

［9］张振军，谢中华，冯传勇. RTK 测量精度评定方法研究［J］. 测绘通报，2007（1）：26—28.

［10］王晏民，洪立波，过静珺，等. 现代工程测量技术发展与应用［J］. 测绘通报，2007（4）：1—5.

［11］卫建东. 现代变形监测技术的发展现状与展望［J］. 测绘科学，2007（6）：10—13.

［12］邱卫宁. 测量数据处理理论与方法［M］. 武汉：武汉大学出版社，2008.

［13］隋海波，施斌，张丹，等. 边坡工程分布式光纤监测技术研究［J］. 岩石力学与工程学报，2008，（S2）：3725—3731.

［14］Park I，Choi J，Jin Lee M，et al. Application of an adaptive neuro－fuzzy inference system to ground subsidence hazard mapping［J］. Computers & Geosciences，2012，48（Complete）：228—238.

［15］廖明生，唐婧，王腾，等. 高分辨率 SAR 数据在三峡库区滑坡监测中的应用［J］. 中国科学：地球科学，2012，42（2）：217—229.

［16］王建民，张锦，苏巧梅. 观测数据中的粗差定位与定值算法［J］. 武汉大学学报：

信息科学版，2013，38（10）：1225－1228.

[17] 陈煌琼. 基于神经网络的滑坡预测及其控制研究［D］. 武汉：华中科技大学，2014.

[18] 陈刚，王鹏飞，李金玲. 基于自相关函数的模糊时间序列优化算法［J］. 控制与决策，2015，30（10）：1797－1802.

[19] 张国丽，杨宝林，张志，等. 基于 GIS 与 BP 神经网络的采空塌陷易发性预测［J］. 热带地理，2015，35（5）：770－776.

[20] 包高强，张红波. 基于三点法的双曲线模型沉降预测与分析［J］. 城市建设理论研究：电子版，2016（13）：2033－2033.

[21] 高文. 基于 DDS 的分布式系统的建模与仿真［D］. 南京：东南大学，2016.

[22] 李培林，彭美平. 基于 DDS 的分布式网络仿真系统［J］. 中国电子科学研究院学报，2016，11（2）：214－218.

[23] 朱建军，李志伟，胡俊. InSAR 变形监测方法与研究进展［J］. 测绘学报，2017，46（10）：1717－1733.

[24] 张惠兰，李云蝶. 西宁道路塌陷事故，揭开城市"地下伤疤"［EB/OL］. 新京报，（2020－01－18）［2024－07－18］. https：//www. bjnews. com. cn/inside/2020/01/18/676117. html.

[25] 张林梵，王佳运，张茂省，等. 基于 BP 神经网络的区域滑坡易发性评价［J］. 西北地质，2022（2）：260－270.

[26] 彭鑫. 基于改进 GM（1，1）模型的滑坡变形预测研究［D］. 抚州：东华理工大学，2022.